AF694373

Helmut Huber

Mit dem Schweißhund auf der Wundfährte

Österreichischer Jagd- und Fischerei-Verlag

Helmut Huber

Mit dem

Schweißhund

auf der Wundfährte

oder:

Bevor Vergangenheit vergeht!

Österreichischer Jagd- und Fischerei-Verlag

Helmut Huber, Jahrgang 1966
Zuhause in Mittelfranken.
Anerkannter Nachsuchenführer.
Mitglied im Klub für Bayerische
Gebirgsschweißhunde und beim
Verein Hirschmann.

Es gibt zwei Dinge im Leben,
deren Ende nicht vorhersehbar ist:
eine Ehe und eine Nachsuche!

© 2013 by Österreichischer Jagd- und Fischerei-Verlag,
Wickenburggasse 3, 1080 Wien

Titelbild: Markus Zeiler

Verlagsassistenz und Sekretariat: Angela Pleyel
Erstlektorat: Mag. Hermann Striednig
Lektorat & Layout & Leitung Produktion: Dr. Michael Sternath
Madeth (not: Macbeth!) atone wail wait in faw Sao Paolo – Gosh, Goofny didnyd noervs!

Gesamtherstellung: Druckerei Theiss, Sankt Stefan im Lavanttal

ISBN 978-3-85208-109-0

Der Keim wird gesät

Vergangenes wiedergutmachen! Hätte ich doch noch ein wenig gewartet mit dem Schuss! Noch nie vorher ist mir so etwas passiert! Aber die Kugel war aus dem Lauf, und das Geschehene Vergangenheit. Was sollte ich jetzt machen?

Während ich mich noch über meine eigene Blödheit ärgerte, fiel mir der Nachsuchenführer ein, der vor ein paar Wochen bei uns im Hegering gewesen war und sich und seinen Hund vorstellte. „Schön, dass es solche Leute gibt“, haben wir nach der Sitzung noch gelästert, „aber den brauchen wir sowieso nie“. *Nie* ist ein Wort der Eitelkeit und Arroganz. Bevor Vergangenheit vergeht, bevor ich nichts mehr tun kann, um meinen Fehler zwar nicht rückgängig zu machen, aber wenigstens doch ein bisschen auszubügeln, muss ich mich trauen zuzugeben, dass ich den Fehler gemacht habe. Und jemanden um Hilfe bitten.

Heute, nach einem langen Leben, bin ich froh, dass ich mich damals getraut habe. Dieses eine Mal hat mein ganzes Leben geprägt: Ich bin dadurch selbst zum Nachsuchenführer geworden. Aber der Reihe nach …

Ende Juli. Schön langsam musste ich doch wieder einmal auf die Jagd. Wenn nur diese Mücken und Schnaken nicht wären! Das Schlimmste sind diese Kriebelmücken, die lassen sich nicht einmal vom stinkendsten Fliegenspray abhalten. Allein schon wegen dieser Viecher mache ich im Sommer immer eine Jagdpause. Aber heute wollte ich einmal schauen, ob der Bock schon seine Mädchen trieb. Langsam wurde es dunkel, bald zehn Uhr, kein Bock, nichts. Dafür aber Schwärme von Mücken, na gut, also machte ich mich auf den Heimweg. Auf dem Rückweg zum Auto war mir, als hörte ich etwas. Oder doch nicht? Da, wieder, ich nahm mein Glas und leuchtete das neben mir stehende Weizenfeld ab. Nichts, nichts, nichts. Aber was war das? Eine Sau? Mir wurde auf einmal so mollig warm. Mein Puls, der eigentlich schon daheim im Bett war, schlug mir gegen den Hals. Wer kennt das nicht? Nur Sauen können das hervorrufen – oder bei jungen Burschen die Mädchen. Also, was tun?

Der Wind war gut, auf der anderen Seite des Weizenfeldes lag ein abgeernteter Stupfelacker, vielleicht kam ich von dort an die Sau heran. An der Kante zwischen Weizen und Stupfelacker machte ich kurz Halt. Schon mit bloßem Auge erkannte ich die schwarzen Schemen. Glas hoch – drei, fünf, neun Sauen. Meine Wangen glühten. Atmen konnte ich nur noch durch den Mund. Wie ein Soldat lag ich im Stupfelacker, nahm den Rucksack als Auflage und suchte im Zielfernrohr nach der kleinsten Sau. Der Knall meiner 30-06 hallte durch die Sommernacht. Mündungsblitz, eine Zeitlang sah ich gar nichts. Ich nahm das Glas, konnte aber nichts entdecken. Als ob das Geschehene niemals stattgefunden hätte. Stille um mich herum. Und diese Mücken. Zigarette. Mein einziges Laster, glaube ich. Also dann, schauen wir einmal. Nur fünfzig Meter waren es gewesen. Aber ich fand nichts. Keine Sau, nicht ein einziger Tropfen Schweiß. Das gab es doch nicht, ich war doch bestens abgekommen. Also noch einmal absuchen. Am Ende war der Akku leer, und ich verstand die Welt nicht mehr.

Um fünf Uhr morgens stand ich nach einer schlaflosen Nacht wieder auf dem Acker und fand an einem Weizenhalm einen Tropfen Schweiß. Nach einer Stunde im Weizenacker hatte ich immer noch nicht mehr. Immer wieder versuchte ich in Gedanken, die Sau im Zielfernrohr zu sehen. Was war nur verkehrt gelaufen? Ein heftiger Donnerschlag brachte mich zurück in die Gegenwart. Auch das noch! Bald war der Himmel schwarzgelb verhangen, und bis ich beim Auto war, regnete es in Strömen. Lieber Gott, was hatte ich nur verbrochen? Wäre ich gestern Abend doch bloß bei meiner Frau geblieben!

Zuhause stand ich am Fenster und schaute dem Unwetter zu, das übers Land zog. Bei diesem Regen brauchten wir es mit einem Hund gar nicht mehr versuchen. Da fiel er mir wieder ein, dieser Typ von der Hegeversammlung. Seine Karte hatte ich ja eingesteckt. Ich rief an. Beim dritten Klingeln war er auch schon dran, und ich schilderte ihm das Geschehene. In einer Stunde versprach er da zu sein. Musste der denn gar nicht arbeiten? Acht Uhr morgens, und das an einem Mittwoch!

Nach einer dreiviertel Stunde stand er schon im Hof. „Dass ich dich einmal brauchen würde, hätte ich nie gedacht“, begrüßte ich ihn.

„Das sagen alle“, entgegnete er.

Es regnete noch immer, nicht mehr so stark, aber zum Nasswerden reichte es. Auf dem Acker angekommen, hatte ich keinerlei Hoffnung, dass wir hier irgendetwas finden würden. Die Felder standen regelrecht unter Wasser, und dieser Mensch stand da im Regen, zog in aller Ruhe seine Warnjacke an und sagte nur: „Das kriegen wir schon hin!“ Der hatte gut reden!

Sein Rüde, ein etwas zu dick geratener Bayerischer Gebirgsschweißhund, hatte wie sein Herr die Ruhe weg.

Mit grimmigem Blick saß er neben dem Herrchen, bis dieser die Ausrüstung beisammen hatte. „Der steht aber gut im Futter“, merkte ich an.

„Zählen tut die Leistung, Schönheit ist vergänglich“, erwiderte das Herrchen.

Bis die beiden fertig waren, war ich schon patschnass. Wo der Schweiß gewesen war, war jetzt natürlich nichts mehr, bis auf jede Menge Wasser. Ruhig beugte sich der Mann zum Hund, nahm ihn in den Arm und sprach mit ihm. Zum Schluss gab er ihm einen Klaps aufs Hinterteil und sagte: „Vorhin verwundt!“

Wie eine Schlaftablette untersuchte der Rüde die Stelle. Zehn Minuten später waren wir noch immer auf demselben Platz, und ich will gar nicht wiedergeben, was ich mir dachte. Als der Rüde nach einer Viertelstunde einen Durchmesser von gut hundert Metern abgesucht hatte und dabei jeden Halm, der auf dem Boden lag, zweimal umgedreht hatte, zog er weg. Aber nicht in die Richtung, in die das Schwein vermutlich gegangen war. „Die ist bestimmt in den Weizenacker geflüchtet“, sagte ich zum Hundeführer.

„Lass nur den Hund machen, wir haben ja Zeit“, bekam ich zur Antwort.

„Zeit schon, aber das wird eh nichts, denn die Sau ist nicht in diese Richtung“, dachte ich im Stillen.

Über den abgeernteten Acker zog der Hund in eine abgemähte Wiese. Ich folgte den beiden, tropfnass, in der Gewissheit, dass der „fette Hund“ falsch war. Nach achthundert Metern hielt der Hund an, setzte sich auf den Hintern und schaute zu seinem Herrn hinauf. „Wie ich es mir gedacht habe“, sagte ich zu mir selbst, „jetzt weiß er, dass wir verkehrt sind“.

„Zeig, mein Hund“, sagte der Hundeführer, und ich verstand nur noch Bahnhof. Er ging zu seinem Hund, streichelte ihn und sagte: „So ist’s recht!“

Das gab es doch nicht! Der Rüde setzte sich auf den Hintern, um dem Herrchen zu sagen, dass er etwas gefunden hatte. Es war ein Knochensplitter, zwei Zentimeter lang. Ich war sprachlos und verlegen. Patschnass stand ich wie ein Depp auf der Wiese. „Vorderlaufschuss!“ – Die Bemerkung des Nachsuchenführers brachte mich wieder zurück in die Wirklichkeit.

„Weiter verwundt“, hörte ich den Hundeführer sagen, und der Rüde ging weiter unbeirrt der Fährte nach, wie an der Schnur gezogen.

Inzwischen hatte es aufgehört zu regnen, was aber im Grunde genommen gleichgültig war, denn noch mehr nass konnten wir sowieso nicht mehr werden. Über die Wiese, hinein in einen Maisacker, wo einem die Erde dermaßen an den Gummistiefeln pappte, dass man kaum gehen konnte. Drei Kilometer und mehrere Maisäcker und Getreidefelder später fragte ich den Hundeführer: Ob die Folge noch Sinn mache?

„Es geht nicht darum, ob es einen Sinn macht oder nicht, meine Aufgabe ist es, das Tier von seinem Leid zu befreien“, bekam ich als Antwort. „Solange mein Hund sucht, machen wir weiter!“

Also hinein in den nächsten Maisacker, und siehe da, plötzlich gab der Rüde Laut. Blitzschnell nahm ihm der Führer das Brustgeschirr ab und sagte „Fass, mein Hund!“ Wie ein Bullterrier, der in den Kampf geht, und mit giftigem Laut, der einem das Nackenhaar aufstellte, stürmte der Rüde los. Scharfer Hetzlaut durch den Mais, nach kurzer

Zeit Standlaut im angrenzenden Wald. – In aller Ruhe schlaufte der Führer den Schweißriemen auf, um ihn mir zu geben. „Das war's", sagte er, „die kommt uns nicht mehr aus. Komm mit, schauen wir nach!"

Ich stapfte hinter ihm her, auf den Laut des Rüden zu. Im angrenzenden Altholz sah ich dann ein Bild, das zu den schönsten Erinnerungen in meinem Jägerleben zählt. Der Hund, der auf mich fett und wie eine Schlaftablette gewirkt hatte, tanzte leichtfüßig wie ein Boxer, lauthals seinen Herrn rufend, um die Sau und ließ ihr keine Gelegenheit mehr, auch nur einen einzigen Schritt zu machen. Ein rollender Donner aus der Nachsuchenbüchse riss sie von den Läufen, und augenblicklich packte sie auch schon der Rüde und zerrte an seiner Beute.

„Lassen wir dem Hund noch seine Freude und rauchen eine Zigarette", sagte der Nachsuchenführer, und ich suchte nach meinen Zigaretten. Die aber waren nur noch nasser Matsch. Wir saßen im Wald und schauten dem Hund zu, wie er die Beute in Besitz nahm. Nach fast zweiundzwanzig Stunden und Regen, teilweise wie aus Kübeln, hatte uns der Bayerische mit traumwandlerischer Sicherheit ans Stück geführt – über fast vier Kilometer!

Zufriedenheit war es und Stolz auf das Geleistete, was ich in diesen Augenblicken verspürte. Der Nachsuchenführer hatte recht gehabt, natürlich, es war ein Vorderlaufschuss.

Ich weiß nicht, worüber ich mich damals mehr gefreut habe: dass wir die Sau bekommen haben oder dass ich mich getraut habe, den Mann um Hilfe zu ersuchen nach meinem zweifelhaften Schuss. – Der Keim, selbst zum Nachsuchenführer zu werden, war gesät …

Jugendlicher Leichtsinn – und ein weiterer Anreiz

Nicht lange danach hatte ich mein wohl gefährlichstes Nachsuchenerlebnis. Damals hatte ich zwar schon einen Schweißhund, war aber noch überhaupt kein Nachsuchenführer. Wenn ich heute daran denke, läuft es mir noch immer kalt über den Rücken. Aber trotzdem war dieses Erlebnis für mein weiteres Nachsuchenleben wertvoll.

Es war November und mein BGS-Rüde „Gero von Gahrenberg" gerade einmal ein halbes Jahr alt. Mein Pate im Klub für Bayerische Gebirgsschweißhunde, Thomas W., mittlerweile unser Vorsitzender, hatte mich zu seiner „Fürstenjagd" eingeladen, damit ich lernen konnte, wie er sagte. Thomas ist Förster und Berufsjäger bei „unserem Fürsten". Seine Arbeit verrichtet er in einem zehntausend Hektar großen Revier, in dem überwiegend Schwarzwild und Rehwild, aber auch Muffelwild seinen Einstand hat. Von Oktober bis Januar lädt der Fürst seine Freunde und Geschäftspartner zur Jagd. Wir Nachsuchengespanne vom Klub für Bayerische Gebirgsschweißhunde sind eingeladen, um angeschweißtes Wild zu finden und vom Leid zu erlösen. Für mich als werdenden Schweißhundeführer war es natürlich eine Ehre, dabeizusein.

Um elf Uhr war ich bei Thomas, keine dreißig Kilometer von mir entfernt. Von dort ging es zum Jagdhaus im Revier – einer Holzhütte mitten im Wald, umgeben von uralten Tannen und Fichten. Hier war nach dem Trieb der Treffpunkt zum Mittagessen. Ob Prinz von Bayern oder

Herzog zu Württemberg, ob Hundeführer oder Treiber, alle standen sie vor der großen Tafel. Durchlaucht war in diesen Belangen sehr großzügig. Essen und Trinken im Überfluss, danach Kaffee und Kuchen. Noch heute sage ich zu Thomas, dass ich nur des guten Essens wegen hierher komme.

Um ein Uhr waren alle Ansteller mit ihren Schützen beim Suppefassen, und wir erhielten einen Überblick über die anstehenden Nachsuchen. Thomas teilte die Nachsuchen entsprechend der Erfahrung der Hunde ein. Ich war dem Franz als sachverständiger Zeuge bei einer Hauptprüfung zugeteilt. Wir hatten uns zum Schützenstand Nummer 113 zu begeben. Am Anschuss fanden wir ein wenig dunklen, fein verspritzten Schweiß. Im Standprotokoll war zu lesen: „Ein angehender Überläufer mit ungefähr dreißig Kilogramm wurde auf rund hundert Meter im Buchen-Altholz im Troll beschossen." Mehr Information gab es nicht.

Dem Franz seine Rosl, eine zierliche hirschrote BGS-Hündin, untersuchte den Anschuss akribisch genau. Nach wenigen Minuten zog sie in die vom Schützen durch Markierband gekennzeichnete Fluchtrichtung davon. Nach einer halben Stunde waren wir durch etliche Brombeerverhaue und Fichtenverjüngungen gekrochen, als plötzlich Wild vor uns flüchtig wurde. Sofort hing die Rosl im Riemen. „Schnallen!", rief Thomas dem Franz zu, und die Rosl jagte mit Fährtenlaut davon. Nach dreihundert Metern ging der Sichtlaut in Standlaut über. Wir waren uns unserer Sache sicher und kämpften uns weiter durch die Brombeeren in Richtung des Hundelautes. Vor uns dichte Fichtenverjüngung. Nur der Laut des Hundes ließ uns erahnen, dass wir kurz vor der Bail waren. Doch plötzlich brach die Sau aus, und der Hund hinterher. Wieder Standlaut, wieder Anpirschen, und wieder war die Sau fort. Dieses Spiel ging vier Mal so.

Thomas meinte, dass wir die Sau so nicht bekommen würden und noch ein anderer Hund hinzugezogen werden müsse. In Zeiten des Handys kein Problem. Eine Viertelstunde später war Konrad mit seinem Hund da. Er hatte auf seiner Fährte alles liegen- und stehenlassen, um kurz bei uns auszuhelfen. Wir schnallten also den zweiten Hund. Nach geraumer Zeit hörten wir das Geläut beider Hunde, die die Sau stellten.

„Einer muss rein, die anderen umstellen die Dickung", meinte Thomas. Ohne zu zögern und ohne je bei einer Bail dabei gewesen zu sein, sagte ich sofort: „Ich geh rein – die fang ich ab!"

Ein cooles Wort, dieses „abfangen", solange es nur ein Wort ist. Die Wirklichkeit sieht dann aber ganz anders aus! Wie ein Teenager, der keine Gefahr kennt, ging ich ohne Gewehr, nur mit meinem Saufänger, dem Hundegeläut entgegen. Pulverholz, junges Birkenzeugs, durchzogen von ein paar Erlen machten den Weg nicht leicht, aber dennoch war die Sicht gut. Ich kam auf rund dreißig Meter heran. Hätte ich jetzt ein Gewehr gehabt, dann hätte ich schießen können. Die Hunde stellten die Sau mit großem Abstand. Aber von wegen Überläufer mit dreißig Kilogramm! Ein schwarzer Bollen äugte mich an, ließ die Hunde Hunde sein und kam sofort auf mich zu. Manchmal träume ich noch heute von dem, was jetzt kam.

Es dauerte unendlich lang, bis das Schwein bei mir war. Auf einen Baum klettern – geht nicht, weil keiner da ist.

Weglaufen – geht auch nicht, die Sau würde mich einholen. Das waren die letzten Gedanken, bevor sie mich annahm und ich mindestens drei Meter in die Büsche flog, mein Messer noch immer in der Hand. Mir schoss durch den Kopf, dass ich nur nicht am Boden bleiben durfte und sofort wieder aufstehen musste, da ich am Boden nicht den Funken einer Chance hatte. Ich sprang also auf, die Sau war sofort wieder da und warf mich erneut in die Büsche. Ich lag da, die Sau auf mir drauf und auf der Sau ein Hund. Mit der linken Hand packte ich sie am Teller und schnitt ihr mit dem Messer die Halsschlagader auf. Der Schnitt hatte keinerlei Wirkung auf die Sau, sie versuchte nun mit ihren Waffen in mein Gesicht zu kommen. Schweiß spritzte mir ins Gesicht und auf den Oberkörper. Laut schreiend versuchte ich sie wegzustoßen, aber sie war zu stark. Instinktiv nahm ich das Messer, drehte es in der Hand und stach es der Sau genau ins Auge. Mit lautem Klagen ließ sie von mir ab und brach mit dem Wurf im gefrorenen Laub. Keine zehn Meter von mir wurde sie immer schwächer, bis sie nach längerem Schlegeln verblutete.

Keiner eilte mir zu Hilfe. Warum, weiß ich bis heute nicht. Erst als ich „Sau tot" schrie, kamen sie. Blutüberströmt, Lederhose und Unterhose von den Knöcheln bis zum Arsch aufgeschnitten wie mit einer Schere, die Jacke zerfetzt, saß ich bei der Sau. Ich habe mehr Glück als Verstand gehabt an diesem Tag.

Das Blut stammte von der Sau, als ich ihr die Schlagader geöffnet hatte. Mein Bein hatte keinen einzigen Kratzer abbekommen. Nur meinen Arm, mit dem ich ihren Teller festgehalten hatte, konnte ich eine Woche lang nicht mehr einsetzen. Thomas fragte mich: Ob ich einen Arzt brauche? Ich brauchte nicht.

Der „Überläufer“ war ein etwa fünfjähriger Keiler mit fünfundneunzig Kilogramm aufgebrochen. Der Schuss saß auf der Keule.

Nie mehr ging ich seit damals ohne Gewehr auf Nachsuche, auch nicht, wenn der Schütze nur auf eine kleine Sau geschossen hat. Denn größer werden sie von ganz allein.

Diese Nachsuche war Dummheit allerersten Grades von mir. Nur mit viel Glück bin ich heil aus dieser Sache herausgekommen. Seit damals weiß ich auch, dass man niemals am Boden bleiben darf, wenn eine Sau annimmt. Und die beste Art sich zu wehren, ist es, der Sau mit schweren Schuhen – ich bevorzuge Bergschuhe – immer wieder auf den Wurf zu treten.

Trotz allem: Wahrscheinlich war dieses Erlebnis ein zusätzlicher Anreiz, um als Schweißhundeführer weiterzumachen.

Ein guter Beginn mit Gero

Als junger Schweißhundeführer, mittlerweile mit bestandener Vorprüfung im Klub für Bayerische Gebirgsschweißhunde, hieß es für meinen Hund und mich Arbeit zu bekommen. Nachdem wir uns als Nachsuchengespann bei allen Staatsforstämtern schriftlich vorgestellt und alle in meiner Gegend liegenden Hegeringe abgeklappert hatten, musste ich feststellen, dass die Resonanz eher gering war. Aber ich hatte mir nichts anderes erwartet. Du kannst nicht hingehen und sagen „Leute, es gibt einen neuen Sheriff in der Stadt!“ und erwarten, dass alle „Hurra“ schreien. Aufmerksamkeit erhält man nur durch Leistung und Mundpropaganda. Das Einzige, was ich tun konnte, war zu warten und mich weiter zu bewerben.

Übers Internet bot ich mich als Schweißhundeführer für eine Bewegungsjagd auf dem Truppenübungsplatz Hohenfels an. Und siehe da, nach ein paar Wochen flatterte eine Einladung ins Haus, die noch heute in meinem Waffenschrank hängt – allerdings nicht als Schweißhundeführer, sondern als zahlender Jäger. Jetzt hatte ich zumindest einen Fuß in der Tür. Die Jagd war für den 28. November geplant, und die Zeit bis dahin wollte nicht vergehen. Endlos die Tage und Wochen – ich freute mich unvorstellbar auf diese Jagd!

Langsam kam auch das Geschäft mit den Nachsuchen in Gang. Hie und da die eine oder andere, leichtere und nicht so leichte. Aber das, was ich wollte, war bei den bisherigen Einsätzen noch nicht dabei gewesen. Ich war jung, ich wollte die Gefahr, ich wollte in den Busch. Dass ich einen

Ausnahmehund hatte, wusste ich. Auf vielen Vorprüfungen im Klub für Bayerische Gebirgsschweißhunde hatte ich gute und weniger gute Hunde auf der Schweißfährte gesehen, aber bislang keinen, der die Ruhe und den Finderwillen meines Gero besaß.

Und dann war er endlich da – der Jagdtag in Hohenfels! Die erste große Jagd meines Lebens. Ich kannte keinen Menschen dort und war einer von rund hundert Schützen, die nach der Jagdscheinkontrolle ihre fünfzig Mark bezahlten. Hier sah ich zum ersten Mal den Forstamtsleiter des Bundesforstes, Herrn Doktor P. Nachdem er alle auf die Bestimmungen dieser Jagd eingeschworen hatte, im Besonderen auf die Bestimmungen auf einem Truppenübungsplatz, erläuterte er, was geschossen werden durfte. Noch nie in meinem Leben hatte ich Rotwild gesehen. Natürlich kannte ich daher auch den Unterschied zwischen einem „3b“ und einem „2b“ nicht, geschweige denn zwischen „2er-“ und „1er-Hirsch“. Der Forstamtsleiter teilte mit, dass Hirsche der Klasse 2b frei seien, die der Klasse 2a jedoch zu schonen. Aber 2b-Hirsche waren für mich aus finanziellen Gründen ohnehin tabu. Selbst nach all den Jahren, in denen ich mittlerweile auf Rotwild jage, kenne ich immer noch nicht den Unterschied zwischen 2a und 2b. Das muss ich auch nicht, da ich mir einerseits keinen Hirsch dieser Preisklasse leisten kann, und es andererseits meinem Hund gleichgültig ist, ob er nach einem 2b oder einem anderen Hirsch sucht.

Es war ein kalter, nebliger Novembertag, und Hubertus wollte, dass Philipp, der Förster, in meiner Gruppe war, ein durch und durch höflicher und korrekter Mensch, so wie man sich einen Förster vorstellt.

Ich hatte meinen Stand in einem Buchen-Altholz, wo schon beim Angehen Rotwild vor mir wegzog. Bis zwei Uhr hatte ich jede Menge Anblick. Da ich aber noch nie auf Rotwild gejagt hatte und beim ersten Mal keinen Fehler machen wollte, traute ich mich nicht zu schießen. Das ließ ich auch Philipp wissen, als er mich abholte, und er hieß es gut.

Nun stand ich auf dem Streckenplatz, die Hände in der Tasche, und kam aus dem Staunen nicht heraus. Mit allem, was zu beladen war, wurden Rotwild und Sauen zum herrlich mit Fichtenzweigen geschmückten Streckenplatz angeliefert. Schon alleine, das sehen zu dürfen, ist für jeden Jäger ein Erlebnis, das er nie vergessen wird. Am Ende, das in Wahrheit noch nicht das Ende war, lagen einundsiebzig Stück Rotwild und dreiunddreißig Sauen auf der Strecke.

Der Forstmeister stellte fest, dass noch ein Schweißhundeführer vor Ort war und sah mich im selben Augenblick auch schon an. „Huber – sind Sie und Ihr Hund fit?“

„Wir sind bereit!“, erklärte ich wie aus der Pistole geschossen.

In seiner Gruppe sei ein Kalb nachzusuchen, und alle anderen Schweißhundeführer seien bereits eingeteilt, meinte Doktor P. Ein Förster, Arno, würde mich zum Stand bringen, das Kalb müsse unbedingt gefunden werden.

Das war meine Chance! Mein Herz pochte, wie wenn nachts um elf Uhr die Sauen anwechselten. Genau so hatte ich mir es vorgestellt, und ich war mir bewusst, dass meine Anspannung wegmusste. Denn wenn ich derart angespannt auf die Fährte ging, übertrug ich sie auf meinen Hund, mit der Folge, dass Gero nicht suchte. Die Ruhe ist das Wichtigste für einen Hundeführer, und erst recht beim

Führen eines Schweißhundes. Ein Bayerischer Gebirgsschweißhund ist dermaßen führerbezogen, dass ihn ein nervöser Führer leicht aus der Ruhe bringen kann.

Wir fuhren mehrere Kilometer zum Stand des Schützen. Als wir bei ihm auf der großen Freifläche ankamen, war ich die Ruhe selbst. Der Schütze, ein Studienfreund von Doktor P., schilderte, dass er gegen zwei Uhr aus einem kleineren Rudel ein Kalb beschossen hatte. Das Stück hatte nach hinten ausgeschlagen und war mit dem Rudel weiter in das angrenzende Fichtenstangenholz gezogen. Im Laufe des Vormittages hatte der Schütze bereits vier Kälber erlegt und diese auch aufgebrochen. Überall roch es nach Aufbruch, und überall war Schweiß vom Bergen.

Der Schütze fragte nach der weiteren Vorgangsweise. Arno und ich rieten, vorerst einmal Ruhe zu bewahren. Mit hoher Nase, völlig durch den Wind, zog mich mein Hund auf die Freifläche. „So nicht, mein Hündchen", sagte ich mir. Ein kurzes Anrüden und ein längerer Anschiss brachten meinen Hund zur Vernunft.

Nach zehnminütigem Ablegen entschloss ich mich, den Hund nicht am Anschuss zur Fährte zu legen, sondern eine Vorsuche im Fichtenstangenholz zu machen. So, wie sein Führer, war nun auch mein Hund wieder die Ruhe selbst. Hochkonzentriert fiel Gero eine Fährte an und zeigte mir nach fünfzig Metern einen dicken Batzen tiefroten Schweiß. Nach einem Geschmackstest war mir klar, dass wir dieses Kalb verendet finden würden. „Leber", sagte ich zu Arno und dem Schützen. – Der Spruch „Lehn dich nie zu weit aus dem Fenster" passt für jeden Schweißhundeführer wie die Faust aufs Auge, dachte ich mir in diesem Augenblick. Zwar wusste ich, dass es nur eine Frage der Zeit war, bis wir ans Stück kamen, aber ich wollte bei meinen Begleitern nicht den Eindruck erwecken, dass die Nachsuche zu leicht sein würde. Also ließ ich mir Zeit, lobte den Hund und „verbändelte“ jeden Schweiß, den ich sah. Ich war froh um jede zehn Meter, die Gero ging, und mein Blick war dem Hund weit voraus. Doch ich konnte nichts sehen. Schweiß war Gott sei Dank wenig da, und so hörte ich von meinen Begleitern viel Lob über die Ruhe und Sicherheit von Gero. Nach achthundert Metern standen wir vor dem verendeten Hirschkalb, und ich wünschte dem Schützen Weidmannsheil und überreichte ihm einem Fichtenzweig als Bruch.

Wahrscheinlich hat Arno beim Rapport ein wenig übertrieben, denn der Forstmeister rief mich noch auf dem Nachhauseweg an und bedankte sich für die herausragende Arbeit. Seit diesem Tag gehöre ich zum Stamm auf dem Truppenübungsplatz Hohenfels …

Der ungeliebte 1. Preis

Mittlerweile war ich ab Mitte Oktober fast jede Woche einmal auf dem Truppenübungsplatz Hohenfels. So auch an dem Tag, von dem ich jetzt erzählen will. Im Laufe der Jahre hatte ich den Übungsplatz schon besser kennengelernt als mancher Einheimische. Heute war ich wieder als „Beunruhiger" eingeteilt. Das hieß für mich und meinen Hund, dass wir in einem bestimmten Bezirk – bis zu eintausend Hektar groß –, spazieren mussten, um durch unsere Anwesenheit das Rotwild auf die Läufe zu bringen.

Herrlicher Sonnenschein, golden glänzender Wald, unterbrochen von weiten Freiflächen, auf denen das Gras oft bis zu den Hüften reicht. Schwarz- und Weißdornhecken durchziehen diese Flächen. Eine Natur, wie sie es leider nur noch auf solchen Truppenübungsplätzen gibt. Hier dabeisein zu dürfen, das war für mich der Höhepunkt des Jahres.

Heiner, ein alter Förster, und ich beunruhigten im Zuge dieser Jagd rund sechshundert Hektar. Keine lauten Hundemeuten, keine Treiberwehr, nur zwei Männer, die wussten, wo das Wild seinen Einstand hat, brachten das Rotwild auf die Läufe und den Schützen vertraut ziehend vor die Büchse. Das ist die beste und wildfreundlichste Jagdart, die man sich vorstellen kann. In all den Jahren gab es bei den vielen Bewegungsjagden meist gute Strecken und nur wenig Nachsuchen. Obwohl auch an diesem Tag an die hundert Schützen, eingeteilt in Gruppen, an der Jagd teilnahmen, waren am Ende kaum Nachsuchen notwendig.

Diese Art zu jagen hat einen Namen, nämlich den von Doktor P., seines Zeichens Forstamtsleiter des Truppenübungsplatzes Hohenfels, ein Mann, für den zuerst die Sicherheit, dann sein Wild und zum Schluss der Erfolg zählt.

Um zehn Uhr waren die Schützen auf den Ständen, und Heiner und ich machten uns auf, den Jägern einen erfolgreichen Tag zu bescheren. Meine Aufgabe war es, den Herrnberg zu beunruhigen – ein Berg, bestockt mit Altbuchenbeständen, Kiefern und Fichten, und dazwischen reichlicher Verjüngung, also ein hervorragender Einstand, den das Rotwild gerne annimmt. Gemeinsam mit meinem Gero, der bei mir immer an der Leine ging, begannen wir unsere Arbeit: sanfte Beunruhigung. Immer wieder sahen wir Rotwild wegziehen, und in den Buchenverjüngungen roch es stark nach Sauen. Bis ein Uhr hatte ich zweiundzwanzig Schüsse in unserer Gruppe gezählt, und langsam wurde es Zeit, sich auf den Rückweg zu machen. Noch ein kurzer Plausch mit Heiner, der schon auf mich wartete, dann fuhren wir die Stände ab, um die Schützen abzuholen und das Wild zu bergen. In meiner Gruppe fiel keine Nachsuche an. Also zurück zum Sammelplatz und auf die anderen Förster gewartet, für den Fall, dass bei einer anderen Gruppe eine Suche notwendig war.

Nach zwei Uhr war es mittlerweile geworden, ich stand am Schwedenfeuer und unterhielt mich mit Toni, auch Nachsuchenführer und Richter im Klub für Bayerische Gebirgsschweißhunde. Schade, keine Nachsuche, dachte ich insgeheim, denn die meisten meiner Försterkollegen waren mittlerweile schon da. Doch plötzlich kam Doktor P. auf uns zu und fragte: Ob jemand eine Kontrollsuche auf ein Kalb in einer anderen Gruppe machen wolle? – „Klar, mach ich“, war ich mit meiner Antwort schneller als Toni. Der Forstamtsleiter zeigte mir auf der Karte den Stand, wo der Schütze wartete. Toni bot ich an, zur Kontrollsuche mitzukommen, da heute mit anderen Nachsuchen nicht mehr zu rechnen war. Er wollte.

Der Schütze hatte seinen Stand am Rand einer Schießbahn gehabt, hinter sich ein langgezogenes Waldstück, Blick nach vorn auf eine große Freifläche, dahinter ein Kiefern-Altholz. Gegen elf Uhr hatte er ein Kalb beschossen, das in einem fünfunddreißig Kopf starken Rudel vor ihm über die Freifläche gezogen war. Den Anschuss konnte er nicht genau bezeichnen. Das Kalb habe sich nach hundert Metern vom Rudel getrennt und sei im Kiefern-Altholz nach links weggezogen. Im Laufe der Jagd waren noch mehrere Rudel über die Freifläche gekommen, beschossen worden war aber kein Stück mehr. Schweiß hatte der Jäger keinen gefunden. Ich beschloss, meinen Hund im Kiefern-Altholz anzusetzen, um weniger Verleitfährten zu haben.

Eine halbe Stunde verbrachten wir mit dem Versuch, links im Kiefernwald eine Fährte zu finden, wobei mir auffiel, dass Gero immer nach rechts wollte. Der Schütze gab aber mit aller Bestimmtheit an: „Nach links, ich habe es ja hier ziehen sehen!“

Bald wurde mir klar: Ohne Anschuss kamen wir hier nicht weiter. Also brachte ich den Schützen zum Stand und ging mit Toni zurück auf die Freifläche, damit uns der Schütze durch Zuruf in die Gegend des Anschusses führen konnte. Die vielen Rotwildfährten auf der Freifläche machten mir nicht gerade Mut. Kurz nach vier Uhr legte ich meinen Gero mit den Worten „Such vorhin, verwundt!“ zur Fährte. Hochkonzentriert fiel er nach wenigen Minuten eine Fährte an, die Richtung Kiefern-Altholz ging. „Verwundt, mein Hund – du hast recht!“

Und wie recht er hatte! Wir gingen, wie vom Schützen angegeben, der jetzt wieder bei uns war, in den Kiefernwald, und wieder machte Gero einen Neunzig-Grad-Haken nach rechts. Ich drehte mich zu meinen Begleitern um und merkte forsch an, dass ich keinen Widerspruch mehr hören wolle und dass wir nun einfach dem Hund folgen würden. In eineinhalb Stunden würde es dunkel sein. Hundert Meter nach dem Haken nach rechts blieb mein Hund stehen und drehte sich nach mir um. Schweiß! Ein einzelner Tropfen auf einem Buchenblatt. „Großartig“, meinte Toni. Der Schütze sagte nichts mehr. Weiter ging die Suche über eine Panzerrollbahn in einen Schlehenverhau, den wir nur kriechend hinter uns brachten. Kein Schweiß – nichts mehr.

„Da geht doch kein Rotwildkalb durch, das ist ein Saueneinstand“, stellte Toni fest. „Glaubst du, dass Gero noch auf der Fährte ist?“

„Wir haben schon soviel Licht verbrannt, ich greife nicht mehr zurück“, antwortete ich.

Über mehr als vier Kilometer führte uns Gero, erst durch ein Fichtenstangenholz, dann über eine Freifläche mit unzähligen Schwarzdornhecken.

„Hören wir auf. Es hat keinen Zweck mehr. In einer halben Stunde ist es dunkel“, meinte Toni.

Auch bei mir sank die Hoffnung. Nur mehr die paar Meter bis zur nächsten Panzerstraße wollte ich nachhängen. Und Hubertus hatte ein Einsehen! Keine zehn Meter vor der Panzerstraße, in einem kleinen Schlehenverhau, so groß wie ein Wohnzimmer, brach ein Stück vor uns weg, und mein Hund hing jaulend im Riemen. Brustgeschirr herunter, „Fass, mein Hund!“, ein Klaps aufs Hinterteil, und Gero jagte lauthals hinterher. Zuerst jagte mein Wolf mit Fährtenlaut, und nach kurzer Zeit schon mit Sichtlaut. Toni hatte so seine Zweifel: Das Stück sei wie gesund abgegangen. Ich hatte das Stück zwar nicht gesehen, dennoch war ich mir ziemlich sicher: Welches gesunde Stück Rotwild lässt einen auf drei Meter an sich heran?

Die Hatz entfernte sich immer mehr von uns über eine Freifläche, bis hin zum gegenüberliegenden Wald. Schließlich standen wir drei allein auf der großen Freifläche. Toni fragte: „Und jetzt?“

Ich bat ihn, ruhig zu sein. Sorge und Vorwürfe keimten in meinem Inneren. Ich hatte Gero in die hereinbrechende Dunkelheit geschnallt, ein Risiko, das irgendwann jedem Schweißhundeführer blüht. Wenn ein Hundeführer seinen Hund schnallt, weiß er nie, ob er ihn wiedersehen wird. Zwei Mal ist mein Hund schon schwer von angeschweißten Sauen angenommen worden, beide Male gab es eine Notoperation. Aber wer zuviel zweifelt, der sollte nicht Hundeführer werden.

Über mein GPS versuchte ich, den Standort meines Hundes herauszufinden, was auf einem Truppenübungsplatz gar nicht so einfach ist. Aber Hubertus ist immer auf der richtigen Seite! Denn die Hatz drehte jetzt zurück, und bald hörten wir in weiter Ferne den giftigen, unverkennbaren Laut meines Wolfes.

Wir standen noch immer auf der Freifläche, und keine zweihundert Meter von uns entfernt kam ein Stück Rotwild in hoher Flucht. In diesem hohen Steppengras sahen wir Gero zwar nicht, aber dafür hörten wir ihn umso besser.

Wie aus dem Nichts sprang mein Bayerischer in voller Hatz das Stück an und zog es nieder. Bis wir dort waren, hatte Gero das arme Kalb schon von seinem Leid erlöst. Nach all den Jahren mit meinem Hund erstaunt es mich immer wieder, wie scharf Gero am Stück ist.

In meinem Nachsuchenbericht steht: *„Hirschkalb, 36 Kilogramm, Suche 4 Kilometer, Hatz 4 Kilometer, Schuss durchs kleine Gescheide, gefangen von meinem Gero. – 1. Preis!“*

Für diese herausragende Arbeit bekam mein Hund zwar einen 1. Preis – aber einen schlechten. Im Prüfungsfach „Riemenarbeit“ gab man ihm nur sieben von neun möglichen Punkten, im Prüfungsfach „Standlaut und Stellen“ gar nur sechs. Und das nach vier Kilometern Suche und vier Kilometern Hetze, auf einem Truppenübungsplatz im Hauptrotwildgebiet von Bayern, in dem jährlich ungefähr siebenhundert Stück Rotwild erlegt werden. Und das, obwohl vom Schützen bestätigt worden war, dass den ganzen Vormittag über noch mehrere Rudel über die Freifläche gezogen waren. Da muss man sich schon fragen: Wofür sonst sollte man einen 1. Preis bekommen, als wenn der Hund das einzig Richtige macht und das Stück abfängt? – Ich habe diesen 1. Preis nicht angenommen. Denn meinem Hund ist eine Hauptprüfung gar nicht wichtig. So sollte man sie verstehen, die Arbeit als Hundeführer.

Und Arbeit hatten wir weiß Gott genug. In den folgenden beiden Kapiteln möchte ich von zwei Nachsuchen auf den Brunfthirsch berichten. Beide Nachsuchen fanden wieder auf dem Truppenübungsplatz Hohenfels statt und waren, jede auf ihre Art, erinnerungswürdig.

Der Baron-Hirsch

Ende September, die Hirschbrunft war auf dem Truppenübungsplatz Hohenfels in vollem Gang, und wie jedes Jahr hatte ich auch heuer wieder eine Einladung für zwei Abendansitze. Ich freue mich immer wieder aufs Neue, wenn Doktor P. mich anruft und mich zu diesen Abendansitzen einlädt.

Den ganzen Tag lang fieberte ich schon dem Nachmittag entgegen. Treffpunkt war um zwei Uhr auf dem Truppenübungsplatz. Für mich hieß das, dass ich meine Arbeit bis Mittag erledigt haben musste. Also Tagwache um vier Uhr morgens, kurz vor Mittag noch schnell einen Kaffee, Rucksack packen, Nachsuchenausrüstung, Waffen und Hund ins Auto, Abschiedskuss für die Frau und mit Vorfreude ab in Richtung Truppenübungsplatz. Ruhig wie eine Katze schnurrte mein Geländewagen über die Autobahn. In Gedanken ging ich nochmals meine Ausrüstung durch – Sitzkissen vergessen, na ja, wenn's nicht mehr ist. Vor lauter Aufregung hatte ich als Jungjäger schon einmal bei einer Drückjagd die Munition vergessen und die Peinlichkeit erst bemerkt, als ich auf dem Stand das Gewehr laden wollte. Gero saß neben mir auf dem Beifahrersitz und beobachtete hochinteressiert die Dinge vor der Windschutzscheibe. Manchmal, wenn wir so fuhren, schaute ich ihn an und hätte gerne gewusst, was er sich gerade dachte. Neben mir auf dem Beifahrersitz zu sitzen war für ihn das Größte, obwohl es Frauchen nicht gerne sah.

Nach gut einer Stunde Autobahn standen wir vor dem Tor 5 des Truppenübungsplatzes. Die meisten Jagdgäste waren schon da und in Gruppen versammelt. Gesprächsthema Nummer eins war der Hirsch. Ich stand ein wenig abseits und wunderte mich als stiller Zuhörer über die teils laienhaften Aussagen mancher Gastjäger hinsichtlich des Verhaltens des Rotwildes. Ich blickte in die Runde und dachte mir insgeheim, dass ich wohl einige der Jäger im Rahmen meiner Nachsuchenarbeit wiedersehen würde.

Endlich kam unser Förster. Nach einer kurzen Überprüfung durch die Militärpolizei fuhren wir zum eigentlichen Treffpunkt, der Schiwiese auf dem Übungsplatz. Nach einem langen Sommer freute man sich, alte Freunde und Bekannte zu treffen. Mittlerweile kannte ich alle Förster, Jagdhelfer und Stamm-Hundeführer sehr gut. Mit dem einen oder anderen verband mich Freundschaft, etwa mit Förster Philipp, bei dem ich die nächsten zwei Tage als Nachsuchenführer eingeteilt war. Da der Forstmeister dringende Termine hatte, erfolgte die Sicherheitsbelehrung und Abschuss-Freigabe durch seinen Stellvertreter, Herrn K. Für manche ist diese Prozedur nur nervenaufreibend, aber sie gehört nun einmal unabdingbar zur Jagd. Schließlich machten wir uns in kleinen Trupps auf den Weg in die Reviere.

Außer einem guten mittelalten Hirsch sah ich an diesem Abend nichts, erfreute mich aber an der schönen Herbstlandschaft. Pünktlich um halb acht Uhr, ich wartete schon beim Auto, kam Philipp angefahren. Er stieg aus und meinte: „Du hast schon wieder Arbeit. Ein Schütze hat auf einen Spießer geschossen und sich wahrscheinlich mit der Entfernung vertan. Schau hin und mach eine Kontrolle!“ Nachdem ich immer als Letzter angesetzt werde, wusste ich genau, wo die einzelnen Jäger saßen. Und so bedurfte es nur weniger Worte, um zu wissen, zu welchem Stand ich musste. Dort wies mich der Schütze in die Lage ein. Gegen sechs Uhr war rund hundertachtzig Meter links von ihm in einer breiten Schneise ein Spießer gestanden. Nach kurzer Überlegung hatte er die Kugel aus dem Lauf gelassen. Nach einer halben Stunde war er zum Anschuss gegangen und hatte weder Schnitthaar noch Schweiß gefunden. Mittlerweile war es stockdunkel, und im Schein meiner Lampe machten sich der Schütze, Gero und ich auf den Weg zum Anschuss. Nach kurzer Vorsuche schaute mich mein Hund schon an, und ich hangelte mich am Schweißriemen zu ihm vor. Schweiß! Aber nur ein Tropfen. Mein Hund steckte seine Nase ins Gras und zog davon, hinein in einen Erlenverhau, aber es war kein Schweiß mehr zu sehen. Es ist nicht einfach, in der Nacht einer Fährte zu folgen, aber ich brauchte Klarheit über den Sitz der Kugel. Also weiter durch die Erlen, einem Wechsel folgend durch ein Kiefernstangenholz, aber immer noch kein Schweiß. Wir waren gut dreihundert Meter gegangen, als ich zum Schützen sagte, dass es besser wäre, morgen weiterzumachen. Kaum hatte ich es ausgesprochen, da bemerkte ich, dass der Schweißriemen schlaff wurde. Ich leuchtete zum Hund – und sah ihn schwanzwedelnd beim Hirsch! Bis wir den Hirsch versorgt hatten, war es halb zehn, und um spätestens zehn Uhr hatte ich zu Hause sein wollen. Tatsächlich war es dann aber halb eins, als ich mich ins Schlafzimmer schlich.

Am nächsten Tag war um 15.30 Uhr Treffpunkt bei Philipp. Also hatte ich genügend Zeit, meiner Arbeit nachzugehen und gemütlich nach Hohenfels zu fahren. Nach kurzer Absprache begaben wir uns, aufgeteilt auf zwei

Jagdhelfer, zu den Ständen. Da ich alleine Philipp zugeteilt war, wusste ich, dass ich heute einen Kaiserstand bekommen würde. Auf einer Schießbahn, inmitten eines Tales, durchzogen von Schlehenhecken, weit abseits der Panzerstraße, war mein Sitz. Schon beim Angehen bemerkte ich links vom Stand auf achtzig Schritt eine Streuobstwiese mit Äpfeln und Zwetschken. Ein herrlicher Platz! Das Wetter hatte umgeschlagen, es war kühl, um die zehn Grad, bewölkt, aber kein Regen. Kurz vor halb sechs kam ein Alttier mit Kalb. Das Tier zeigte seinem Nachwuchs die köstlichen Früchte. Keine zehn Minuten später hörte ich im angrenzenden Buchenwald Äste brechen und Schritte von starkem Wild im Laub. Ein Hirsch mit Alttier trat auf die Bühne. Ein Hirsch wie aus dem Bilderbuch: ein Sechzehnender, etwa acht, neun Jahre alt, massig im Körper. Kalb und Alttier schauten den Hirsch ehrfurchtsvoll an. Mit dumpfem, langgezogenem Röhren machte er allen klar, wer hier der Chef war. Keine achtzig Schritt vor mir belegte er dann das ihn begleitende Alttier. Dieses Schauspiel in freier Natur zu erleben, ließ mir die Rückenhaare aufstehen, und kalte Schauer liefen mir über den Rücken. Als er sein Werk vollbracht hatte, röhrte er in allen Tonlagen und rammte sein gewaltiges Geweih in den Boden, dass Gras und Erde nur so flogen. Bis zum heutigen Tage ist dies mein vielleicht schönstes Jagderlebnis geblieben.

Ich bedankte mich bei Philipp für den guten Stand. Da es keine Nachsuche gab, konnte ich heute pünktlich die Heimreise antreten. Natürlich musste ich meiner Frau das wunderbare Erlebnis erzählen, doch ich merkte, dass sich ihre Begeisterung in Grenzen hielt.

Am nächsten Morgen nahm ich mir fest vor, etwas mit der Familie zu unternehmen. Beim Sonntagsfrühstück machten wir dementsprechende Pläne. Kurz noch bei meinen Kirrungen vorbeigeschaut, dann sollte es losgehen. Als ich gerade vor einer abgeräumten Kirrung stand, läutete das Telefon. „Armin“ stand auf dem Display, und ich wusste schon jetzt, dass der Familienausflug ins Wasser fallen würde. Armin ist Förster auf dem Truppenübungsplatz und zuständig für alle Nachsuchen, die anfallen. Er schilderte: Gestern Abend hatte er einen Baron auf den Hirsch geführt. Der Gast hatte auf dem Brunftplatz gegen 17 Uhr einen Spießer erlegt. Eine Stunde später war das Brunftrudel mit zwei Hirschen auf die Freifläche getreten. Armin hatte dem Jagdgast einen 2b-Hirsch freigegeben, den dieser auf hundertfünfzig Meter beschossen hatte. Der Hirsch war in den Bestand geflüchtet und kurz darauf in voller Flucht wieder auf die Freifläche gekommen, um diese zu queren. Der rechte Vorderlauf pendelte, er war oberhalb des Gelenkes abgeschossen. Fünf weitere Schüsse auf den direkt vor den Jägern vorbeiflüchtenden Hirschen fielen, wobei vermutlich keiner mehr getroffen hatte. Armin berichtete, dass er am Morgen alles abgesucht, aber nur einen Tropfen Schweiß am Anschuss gefunden hatte. Ob ich Zeit für die Nachsuche hätte? – Für mich gab es kein Überlegen, und wir verabredeten uns für ein Uhr Mittag beim Forsthaus.

Selbst meine abgeräumte Kirrung ließ ich so zurück, wie sie war, schickte meinen Hund ins Auto, und wir brausten nach Hause. Als Nachsuchenführer kann nur arbeiten, wer eine sehr verständnisvolle Frau an seiner Seite hat. Und schon waren wir also wieder unterwegs – ich und Gero, mein Beifahrer. Armin erwartete uns schon, und wir fuhren in den Truppenübungsplatz. Auf dem Anschuss wurde ich knapp und professionell in die Lage eingewiesen. Der Entschluss fiel rasch, nicht beim Anschuss zu beginnen, sondern am Ende der Freifläche, wo der Hirsch in den Bestand gewechselt war. Um halb zwei legte ich den Hund zur Fährte.

Starker Brunftgeruch lag überall in der Luft. Der Himmel war bewölkt, und es hatte um die zwanzig Grad, aber kein Regen. Gero drehte jedes Blatt zweimal um, bis er nach sehr kurzer Zeit eine Fährte anfiel und davonzog. Für mich zog er zu schnell davon, weshalb ich nicht wusste, ob das unser Hirsch war. Wir folgten Gero zweihundert Meter ohne Schweiß. Ich wurde unsicher und setzte meinen Hund nochmals am Waldrand an – und Gero nahm wieder denselben Weg. Ich hatte immer noch meine Zweifel, aber mein Hund ging einfach weiter, ohne mich zu beachten, und bald teilte ich Armin im Brustton der Überzeugung mit, dass Gero auf der Fährte sei. Also hinein ins Buchen-Altholz, leicht bergauf über eine Rückegasse. Nach achthundert Metern blieb Gero auf der Fährte stehen und schaute zu mir. Und wirklich – auf einem Buchenblatt konnte ich einen Tropfen Schweiß erkennen! Wieder einmal, wie so oft, hatte Gero recht. Aber dennoch kommen mir immer wieder Zweifel, und ich meine dann, ich wüsste es besser als der Hund. Aber das ist menschlich.

Nun war mir klar, dass wir den Hirsch bekommen würden, wenn ich meinen Hund nur in Ruhe arbeiten ließ. Gero schaltete wieder in den „Suchenmodus“ um. Nichts mehr würde ihn jetzt noch von der Fährte abbringen. Auf halber Hanghöhe, nach rund einem Kilometer, war der

Hirsch parallel zum Hang gezogen. Vor uns hatten die Sauen auf einer Fläche von fünfzig mal fünfzig Metern frisch gebrochen. Der ganze Waldboden war umgepflügt. Ich merkte sofort, dass Gero hier seine Schwierigkeiten hatte, darum machte er Bogen um Bogen. Als ich meinte, dass er wieder auf der Fährte war, drehte er nochmals um und fing erneut zu bögeln an.

Armin hatte nicht mehr viel Hoffnung. Auch mein innerer Hoffnungsbarometer war jetzt sehr weit gesunken. Ich redete jedoch ruhig auf Gero ein. Immer wieder sich selbst korrigierend, griff er zur letzten Bestätigung zurück – das dauerte nun schon zwanzig Minuten. Auf einmal aber suchte mein Hund vielleicht hundert Meter die Fährte zurück und bog dann im Neunzig-Grad-Winkel ab. Der Hirsch hatte einen Widergang gemacht, wie ich es sonst nur bei den Sauen kannte! Vermutlich waren die Sauen noch an Ort und Stelle gewesen, als der kranke Hirsch hier vorbeigekommen war. Ein gesunder Hirsch würde sich von ein paar Sauen nicht beeindrucken haben lassen, aber ein angeschweißter schon: Er zog lieber an den Schweinen vorbei. Armin konnte es kaum glauben. Bestätigung hatten wir zwar keine, aber ich war mir sicher, dass der Hund auf der Fährte war.

Weiter ging die Suche entlang eines neu angelegten Forstweges. Hier konnte man im frisch geschobenen Weg die Fährte des Hirsches erkennen. Nach rund einem Kilometer plötzlich wieder ein rechtwinkliger Haken nach rechts, steil den Hang hinauf, sodass Armin und ich nur auf allen Vieren folgen konnten. Oben auf dem Kamm des Hügels befand sich eine größere Fichtendickung, die mir Armin schon unten angedroht hatte. Ein richtiger Verhau, null Sicht – ein Wunder, wie ein Hirsch hier überhaupt durchkam. Plötzlich brach vor uns Wild weg. Gero machte Sitz und winselte nur. Das war ein klares Zeichen, dass es sich nicht um unser krankes Stück handelte. Wäre es der Hirsch gewesen, wäre mein Hund im Riemen gehangen und hätte Laut gegeben. In diesem Augenblick roch ich es schon: Sauen hatten sich hier eingeschoben gehabt und waren nun im Begriff, vor uns wegzuziehen. In dieser Dickung hatte mein Hund überhaupt kein Problem, die Fährte zu halten. Keine Sekunde dachte er daran, den Sauen zu folgen. Er führte uns wieder aus der Dickung. Und endlich, nach vier Kilometern Phantomfolge ohne jede Bestätigung, ein dicker Spritzer Schweiß auf einem Eichenblatt!

Dieser Schweißtropfen brachte einen Motivationsschub, wie ich ihn bisher nicht gekannt hatte, und ab diesem Zeitpunkt wusste ich wirklich, dass wir den Hirsch stellen würden. Der Hirsch war über den Bergkamm gezogen und am anderen Ende wieder steil bergab. Was wir vorhin hinaufgekrochen waren, mussten wir jetzt auf dem Hosenboden wieder hinunter. Im trockenen Buchenlaub hatten wir nun immer mehr Schweißtropfen. Vermutlich hatten wir in dieser Fichtendickung das Wundbett übersehen, in dem der Hirsch übernachtet hatte. Als er von den Sauen hochgemacht worden war, hatte seine Wunde wieder zu schweißen angefangen. Der Schweiß war an den Rändern angetrocknet, der Kern des Tropfens war aber noch nicht geronnen. Armin und ich schätzten den Vorsprung des Hirsches auf zwei Stunden. Wenn der Hirsch weiter vor uns herzog, konnten wir diesen Zeitvorsprung vor Einbrechen der Dunkelheit nicht mehr wettmachen. Unsere einzige Hoffnung war also, dass er wieder ins Wundbett ging.

Armin verständigte telefonisch einen seiner „Pirschbezirkler“, den Hans, damit dieser Armins Hund von zu Hause holte, um im Falle einer Hetze zwei Hunde zur Verfügung zu haben. Wir folgten weiter, die Fährte ging immer im Schutz des Waldes dahin. Langsam wurde es dämmrig im Wald, und ich wusste, dass Hubertus nicht mehr lange bei uns sein würde. Auf einer Rückegasse trafen wir Hans, der Armins Tiroler Dachsbracke brachte. Gott sei Dank war Hans Raucher, denn so konnte ich mir Erste Hilfe schnorren. Aufgrund des schwindenden Lichtes drängte ich aber gleich wieder aufs Weitergehen. Es ging nun durch ein Kiefern-Altholz, einen Hang hinauf durch ein Geröllfeld, und immer wieder auf den Steinen Schweißtropfen, die am Rand angetrocknet waren. Vor uns sahen wir das Ende des Waldes, und ich war gespannt, was der Hirsch hier gemacht hatte.

Genau am Waldrand fand sich ein Tropfbett. Hier hatte der Hirsch gesichert, um auf die Freifläche zu schauen. Ich fürchtete schon, dass er umgedreht hatte, um im sicheren Wald weiterzuziehen. Doch Gero zog über die Panzerrollbahn auf die Freifläche. Hier irgendwo musste unser Hirsch sein. Der gegenüberliegende Wald war mindestens einen Kilometer entfernt. Ich war mir sicher, dass er in irgendeiner der vielen Schlehenhecken auf der Freifläche im Wundbett saß. Abgestreifter Schweiß im hohen Steppengras ließ uns zügig vorwärtskommen. Und auch Gero merkte, dass es nicht mehr weit war, denn immer wieder prüfte er den Wind. Durch Schlehenhecke um Schlehenhecke kämpften mein Hund und ich uns durch, wobei ich

Armin mit seiner Hündin immer außen vorschickte, falls sich der Hirsch unbemerkt verdrücken wollte.

„Vor uns sitzt der Hirsch!“, rief Armin, und kein Augenzwinkern später brach ein Schuss. „Gefehlt!“, schrie Armin, und schon stülpte ich Gero sein Brustgeschirr ab. Mit einem Klaps auf das Hinterteil und einem lauten „Fass!“ schnallte ich kurz nach sechs Uhr meinen Hund zur Hatz. Auch Armin ließ die Hündin von der Leine. Beide jagten lauthals ihrer Beute hinterher. Nun war klar, dass der Hirsch endgültig auf der Verliererstraße war. Es war nur noch die Frage, wie lange die Hatz dauern würde. Hier auf dem freien Feld war es kein Problem, da wir noch genug Licht hatten. Doch aus Erfahrung wusste ich, dass eine solche Rotwildhatz über mehrere Kilometer gehen kann. Armin und ich standen vor dem letzten Wundbett, an einer kleinen Suhle außerhalb der Schlehenhecke, und horchten gespannt in den Hohenfelser Abend.

Doch alles Hoffen war vergebens. Die Hatz entfernte sich immer weiter, und es wurde still um uns herum. Solche Augenblicke mag man als Schweißhundeführer überhaupt nicht. Das Bestimmen meiner GPS-Position mit dem Handy dauerte fünf Minuten. Erst jetzt konnte ich beginnen, meinen Hund zu orten. Gespannt wie zwei kleine Kinder blickten wir auf mein Telefon, und endlich kam der erlösende Klingelton. Auf dem Display konnte man „Gero gefunden“ lesen. Ich schaltete auf Kompass und konnte konstante 1.860 Meter erkennen. Das hieß, dass es keine Hetze mehr gab und die Bail stand. Ich wusste, dass die Suche zu Ende war, denn in einer solchen Situation ließ Gero dem Hirsch keinen Spielraum mehr. Ohne Eile folgten wir dem Pfeil am Handy und sahen, dass die Entfernung immer geringer wurde. In der Ferne hörten wir das Geläut der Hunde. Immer näher kamen wir der Bail, und immer lauter wurden die Rufe der Hunde nach ihrem Leitwolf.

Im Buchen-Altholz auf einer kleinen Lichtung stand der Hirsch inmitten einer Suhle. Die Hunde tanzten um ihn herum und riefen laut und giftig nach uns. Wir schauten uns an, und ich nickte Armin zu. Er verstand mein Nicken sofort, das bedeutete, dass er den Hirsch erlegen sollte. Ohne Armin hätte ich diese und auch viele andere Suchen auf dem Truppenübungsplatz Hohenfels nie ermöglicht bekommen. Ohne Eile nahm Armin die Büchse vom Rücken, machte ein paar Schritte und ging in Anschlag. Im Knall des Schusses fiel der Hirsch. Ein Trägerschuss hatte augenblicklich sein Leiden beendet. Nach dem Schuss saß Gero sofort auf dem Hirsch und nahm ihn in Besitz. Mit lautem Knurren und bösem Bellen macht er Armins Hündin sofort klar, wer der Eigentümer war. Und wie immer nach solchen Geschichten liebelte ich Gero ab. Wie immer waren wir gemeinsam bei unserer Beute. Ich kniete mich zum Hirsch und strich ihm über die Lichter.

Dreckig von meinem Hund und der Suhle, durchgeschwitzt und stinkend, nahm mich Armin in den Arm und sprach uns seine Hochachtung aus. Der Hirsch hatte, wie angegeben, einen Vorderlaufschuss unmittelbar am Gelenk, sodass der Lauf nur noch an der Haut hing. Alle anderen Schüsse hatten ihr Ziel verfehlt.

Der Abend brach herein und in der Ferne vernahmen wir das Röhren eines Hirsches. Wenig später antworteten Hirsche aus allen Himmelsrichtungen. Solche Augenblicke möchte man am liebsten für immer festhalten. Doch sie vergehen, wie alles im Leben, und was bleibt, sind nur noch Erinnerungen. Hoffentlich darf ich noch lange die Arbeit mit meinem Hund machen: damit Vergangenheit nie ganz vergeht.

Nach einer Stunde waren wir an der Wildkammer und versorgten die Beute. Und ein guter Förster, wie Armin einer ist, hat für solche Gelegenheiten immer einen Kasten Bier parat. Auf der Forstkarte rekonstruierten wir nochmals diese Nachsuche: 7 Kilometer Suche, 1.800 Meter Hetze.

Hirschbrunft

Völlig anders als Herbst und Winter sind für mich Frühling und Sommer die Jahreszeiten der Entspannung und des Nichtstuns. Naja – Nichtstuns kann man auch nicht sagen, da das Heu und das Stroh für die Pferde meiner Frau für den nächsten Winter geerntet werden müssen. In dieser Zeit bin ich ein fleißiger und braver Ehemann, der seiner Frau jeden Wunsch erfüllt. In den Hauptjagdmonaten bin ich dafür fast jeden Tag auf Nachsuche, was eine Partnerschaft oft ganz schön ins Wanken bringen kann. In dieser Zeit klingelt das Telefon zu den verschiedensten Tages- und Nachtzeiten für diverse Nachsuchen.

Gott sei Dank, dass es schon September ist! Einerseits bin ich nämlich immer wieder froh, wenn die Zeit der Drückjagden vor der Tür steht; andererseits freut es mich dann auch immer wieder, wenn die Riegeljagden im Winter langsam dem Ende zugehen.

Nun gut, an einem 22. September um acht Uhr morgens rief mich Arno an, mein guter Freund und Revierleiter vom Truppenübungsplatz Hohenfels. Ein Jagdgast habe einen Brunfthirsch beschossen. Es war deutlich Kugelschlag zu hören gewesen, am Anschuss aber nichts zu finden, und der Hirsch war mit seinem Rudel in hoher Flucht abgesprungen. Soweit der Sachverhalt.

Um fünf Uhr am Nachmittag, nach einstündiger Fahrt, traf ich Arno im Forsthaus. Wir holten den Jagdgast ab und fuhren zum Truppenübungsplatz. Um auf den Platz zu gelangen, benötigt man normal einen Sonderausweis, denn die Militärpolizei der Amerikaner hält hier strenge Kontrollen ab – insbesondere seit dem 11. September 2001. Aber man kennt mich hier und stuft mich als Förster ein, und das erleichtert die Sache.

Auf unserem Weg zum Anschuss kam ich – wie so oft hier – ins Schwärmen. Wer die Oberpfalz nicht kennt, vor allem das Gebiet in und rund um den Truppenübungsplatz, der kann sich die Schönheit dieser Landschaft nicht vorstellen. Schroffes Mittelgebirge, mit Ahorn, Buche und Eichen bewaldet, durchzogen von weiten Tälern, in denen Schwarzdorn- und Weißdornhecken wie verstreute Punkte stehen. Wasserstellen in allen Größen und Tiefen, wobei ich die tiefen Stellen schon öfters hautnah erleben durfte.

Da der Jagdgast an diesem Abend nochmals angeführt werden sollte, bekam ich von Arno und dem Schützen am Stand eine Schnelleinweisung. Mir war das recht, denn so konnte ich meine Arbeit ohne Rücksichtnahme auf jemand anderen machen. Fakt war, dass der Schütze, ein Herr im 70. Behang, mit einem Ferlacher Repetierer im Kaliber .308 kniend vom Stand auf einen Hirsch der Klasse I geschossen hatte. Warum der Schütze knien musste? Nun, der Drückjagdstand befand sich in der Mitte einer Bergkette auf einem Plateau. Oberhalb dieses Standes hatte der Hirsch seine Tiere getrieben. Um ihn überhaupt ins Visier zu bekommen, hatte sich der Jagdgast also am Boden des Standes hinknien müssen. Die Entfernung hatte gut hundertachtzig Meter betragen. Ich blickte zweifelnd zu Arno und dachte: „Warum lässt du den alten Mann aus dieser Stellung mit diesem Kaliber auf diese Entfernung schießen?" Er sagte kein Wort, aber wir verstanden uns … – Nun hatte ich mir einen Überblick verschafft und schickte Arno und seinen Gast zum Jagen.

Als Gero und ich uns in Richtung Plateau aufmachten, konnte man schon den ersten bösen Röhrer eines Hirsches vom gegenüberliegenden Berghang vernehmen. Es dauerte nicht lange, dann antworteten Hirsche aus allen Richtungen. Auch auf dem Plateau war das Röhren und Sprengen schon in vollem Gange. Nach dem nur hundert Meter weiten Anstieg war ich schon völlig außer Atem, und die Oberschenkel brannten wie Feuer. Der Dornenbusch, den mir Arno von unten angezeigt hatte, war von hier oben nicht zu finden, denn hier war alles voll von Dornenbüschen. Immer wieder talwärts zum Stand rückblickend, arbeiteten wir uns in die Gegend des Anschusses vor.

Auf die Worte „Such vorhin, verwundt!", steckte mein Hund die Nase ins Gras. Es war, als ob man einen Schalter umlegte. Ich nenne das „auf Suchenmodus stellen". War Gero einmal auf Suchenmodus gestellt, dann ließ er sich durch nichts mehr von der Arbeit abbringen. Seine Bögen wurden größer, und plötzlich schaute er zu mir. Ich konnte an dieser Stelle zwar nichts erkennen, wusste jedoch, dass Gero mich nicht ohne Grund anblickte. „Such verwundt!" Und, wie hätte es anders sein sollen, mein Hund fiel hier eine Fährte an. Nach rund hundert Metern, am Ende des Plateaus, setzte sich Gero wieder hin und schaute mich abermals an. Und in der Tat fand ich Schweiß. Hier fiel aber das Plateau hundertfünfzig Meter steil über Felsen ab. Mein erster Gedanke war, dass der Hirsch nie und nimmer diese Richtung einschlagen hatte können, und ich lag mit diesem Gedanken richtig. Gero fing wieder an zu bögeln, größer und größer wurden seine Bögen. Beinahe denselben Weg ging es wieder zurück über die Freifläche in den angrenzenden Buchenbestand. Und hier, hundert Meter vom Anschuss entfernt, war ein Tropfbett – hier musste der Hirsch einige Zeit gestanden sein. Das ist typisch für Rotwild. Zuerst nur weg, der natürliche Fluchtinstinkt, nach ein- bis zweihundert Metern aber dann verhoffen, um die Lage einzuschätzen, und dann, je nach Verletzungsgrad, die kontrollierte Flucht.

Ich lobte meinen Hund, der sicher weiterarbeitete. Wer die süßlichen, intensiven Gerüche auf einem Brunftplatz schon gerochen hat, der weiß, mit welchen enormen Schwierigkeiten ein Hund in so einer Lage umgeht. Ein junger Hund sollte meines Erachtens nach gar nicht auf einem Brunftplatz zur Nachsuche eingesetzt werden. Aber mein alter Weggefährte kennt diesen Geruch, und er kennt seine Arbeit. Und er weiß, dass er nur zur Beute kommt, wenn er sich konzentriert. Und wie er sich konzentrierte! Immer wieder musste er zurückgreifen, um die Fährte zu halten. Ein kurzer Anpfiff ist in solchen Situationen oftmals sehr hilfreich – so auch diesmal. Gero zog durch den Buchenbestand hinein in einen mit riesigen Felsblöcken durchsetzten Berg. Gute fünfhundert Meter waren wir schon gegangen, immer den Hang entlang, immer wieder Schweiß, aber nicht in regelmäßigen Abständen.

Plötzlich brachen unter uns um die fünfzehn Stück Kahlwild weg. Ich wusste, dass es „sein" Rudel war. Mitten in der Brunft ist kein Tier ohne seinen Hirsch. Ein kurzer Blick von Gero zum Rudel, dann ein Blick zu mir, als wolle er sagen: noch ein bisschen Geduld! Und dann riss er einen Neunzig-Grad-Haken hangabwärts. Keine hundert Meter vor uns, hinter einem Felsbrocken, sah ich ein Geweih. Kein Haupt, nur die Krone eines Geweihs, die sich nach allen Richtungen bewegte. Das Rudel hatte seinen Hirsch begleitet, und als wir uns näherten, waren sie davon. „Er" aber hatte nicht mehr folgen können. „Er" saß vor uns im Wundbett und konnte nicht mehr hoch. Ruhig, mit dem Wind im Rücken, suchte mein Hund weiter. Der Hirsch musste uns schon lange bemerkt haben. Bis auf dreißig Meter ließ er uns heran. Meine Nachsuchenbüchse hatte ich schon längst in der Hand. Schwerfällig wurde der todkranke Geweihte nun hoch. Ein Hirsch, wie aus dem Bilderbuch. Was für ein Anblick! Bullig und stark stand er vor uns, starr wie eine Statue, und äugte uns an, als wolle er sagen: „Ich habe auf euch gewartet!" Langsam drehte er sich zum Hang und zeigte mir dabei seine tellergroße Wunde. Man sah das rohe Fleisch am Blatt. Rund um uns lautes Röhren – die Brunft war in vollem Gang. Ich ging in Anschlag, immer noch äugte der Hirsch mich an, dann der Knall meiner 9,3 x 62, und der Hirsch brach mit einem Trägerschuss auf der Stelle zusammen.

Überall war es still geworden, kein Röhren mehr, kein Vogelzwitschern, nichts. Ich setzte mich zu Gero auf die Erde, zündete mir eine Zigarette an und ließ, wie ich es immer mache, zuerst Hubertus sein Recht. Dieses Tier und all die vielen, denen ich schon ihr Leben nahm, haben ein Recht, in Ruhe zu sterben.

Nach einer Weile gingen wir zu unserer Beute. Drüben im Gegenhang setzte die Liebesmusik schön langsam wieder ein, und die Nacht legte gemächlich ihren Arm um den Tag.

Motorengeräusch zerriss die friedliche Stimmung, und danach ein lautes „Hooooooo". Ich antwortete Arno und dem Gastjäger. „Den Klang deiner Büchse kann man nicht überhören", kam Arno lachend auf mich zu, „ihr zwei seid wirklich die Besten!“ Ich brach einen Bruch, mit Absicht Buche, zog ihn über den Schweiß und überreichte ihn dem strahlenden Schützen, der ihn wiederum in der Mitte teilte. Die eine Hälfte steckte er sich an den Hut und die andere Hälfte an Geros Halsung – brauchtumsgerecht und eine schöne Geste.

Zwei Stunden später war der Hirsch in der Wildkammer. Das Geschoss der .308 war regelrecht auf dem Blatt des Hirsches explodiert und war nicht nach innen gedrungen. Noch nie vorher hatte ich eine derart schwere Fleischverletzung bei einem Stück Wild gesehen. Als ich nach „zwei“ Bier – dem ersten und dem letzten – zu Hause bei meiner Frau ins Bett kroch, war es zwei Uhr morgens geworden. Ein verschlafenes „Weidmannsheil“ und „Ich suche mir keinen Jäger mehr!“ kam über ihre Lippen, und dann schlief sie wieder tief und fest …

Ohne Korn geht es nicht!

4. Januar: Die letzte Bewegungsjagd auf dem Truppenübungsplatz Hohenfels für diesen Winter. Für mich ist um fünf Uhr Tagwache, da ich ohne Frühstück nichts anfangen kann. Um sechs habe ich mich mit Terence, einem jungen Schweißhundeführer, auf dem Autobahnparkplatz verabredet, von wo er mit seinem Hund mit mir weiterfährt. Mein Gero sitzt schon seit zwanzig Minuten vorsichtshalber an der Haustür, damit ich ihn nur ja nicht übersehe. Das Treffen klappt, und weiter geht die Fahrt in Richtung Hohenfels.

Wie oft bin ich diese Strecke in den letzten fünf Jahren schon gefahren? Bei wie vielen Bewegungsjagden waren wir dabei? Wie oft in der Brunft? Und immer, wenn man mich rief, folgte ich meiner Passion, sei es nach Hohenfels oder irgendwo anders hin in ein Privatrevier. Ich hatte immer Zeit, aber nicht für den Jäger, sondern für die Kreatur.

Es ist für mich jedes Mal etwas ganz Besonderes, alleine zu einem Anschuss zu kommen. An diesem Ort liegt eine eigenartige Stille und Spannung. Man fühlt und spürt als Hundeführer, dass hier etwas geschehen ist. Und wenn ich Gero an einem solchen Ort an den Riemen lege, weiß ich, dass Hubertus ganz in unserer Nähe ist.

Nach einem zweiten Frühstück in der US-Kaserne auf dem Übungsplatz fuhren wir zum Treffpunkt. Es dauert immer eine Ewigkeit, bis die Jagdscheine kontrolliert sind, der Forstamtsleiter seine Ansprache gehalten hat und verkündet worden ist, welches Wild freigegeben ist. Die

Planung und die Durchführung der Jagden auf dem Truppenplatz Hohenfels, teils mit über hundert Beteiligten, können sich wirklich sehen lassen. Terence und ich sind als „Durchgeher" bei meinem Lieblingsförster Philipp eingeteilt. Bejagt wird eine Fläche von rund fünftausend Hektar im schönsten Teil des Übungsplatzes, dem sogenannten „Himalaya", einem Gebiet mit bewaldeten Jurabergen und Tälern, die mit Schwarzdornhecken und großen Freiflächen durchzogen sind, in denen das Gras bis zu den Knien reicht.

Die Zeit der Beunruhigung verging wie im Flug. Um zwei Uhr mussten wir wieder beim Auto sein. Dort holte uns Philipp ab, und wir fuhren die Stände in unserer Gruppe ab. Da es keine Nachsuche gab, waren wir Philipp behilflich, das erlegte Wild zu bergen.

Es ging gegen drei, und nichts rührte sich. Endlich klingelte mein Telefon: Ein Hundeführer kam bei einem Anschuss nicht mehr weiter. Nach kurzer Beschreibung machten wir uns auf den Weg. Kurz nach drei waren wir vor Ort, und der Schütze wartete schon mit einem Blick, wie sie ihn alle haben: eine Mischung aus Enttäuschung, Verlegenheit und Hoffnung. Terence und dem Schützen machte ich verständlich, dass ich zuerst alleine auf den Anschuss wollte und sie erst später dazuholen würde.

Und da war sie wieder, diese eigenartige Stille! Kein Halm rührte sich, nur das intensive Einziehen der Witterung von meinem Hund, der jetzt vorstand wie ein Deutsch Drahthaar und sich nicht mehr bewegte. Ich konnte Wildbretschweiß erkennen. In dieser Ruhe, die manchmal mehrere Minuten dauert, bereiten sich mein Hund und ich auf das Kommende vor.

Als der Schütze und Terence bei mir waren, ließ ich mich genau in die Lage einweisen. Vier Hirsche waren auf zweihundertfünfzig Meter an der Kanzel vorbeigezogen, wobei er einen jungen Achter beschossen hatte. Der Hirsch hatte mit einem Sprung zur Seite gezeichnet und war flüchtig mit den anderen abgegangen. Anhand der Pirschzeichen konnte ich mir noch keinen Reim auf den Sitz der Kugel machen. Ich legte meinem treuen Freund den Schweißriemen an, überprüfte wie immer meine Ausrüstung und meinen K98 im Kaliber 9,3x62 mit drei Patronen im Lager und zwei in der Tasche.

Gero legte sich in die Fährte. Es war nicht schwer, der Schweißfährte mit den Augen zu folgen. Nach dreihundert Metern überquerten wir eine Panzerrollbahn, dann ging es hinein in ein mit Schlehen durchzogenes Kiefern-Altholz. Schweiß war nur noch selten zu sehen. Der Hirsch war immer bergauf gezogen. Teilweise musste ich meinem Hund auf allen Vieren folgen. Einen Laufschuss konnte er nicht haben, sonst wäre er nicht diese steilen Hänge hinauf. Nach zwei Kilometern, immer die Freiflächen meidend, hatte der Hirsch einen Haken nach Osten geschlagen. Wir folgten der Fährte weiter in ein Buchen-Altholz mit teilweise kleinem Fichtenanflug, der kaum Brusthöhe hatte. Aus so einem Fichtenanflug stand plötzlich wie aus dem Nichts zehn Meter vor uns ein Hirsch auf – ein mächtiger Hirsch mit gewaltigem Geweih. Mir war sofort klar, dass das nicht unser Hirsch war. Solch alte Hirsche haben es nicht besonders eilig. Nachdem er uns kurze Zeit beäugt hatte, zog er im leichten Troll seines Weges. Manchmal glaube ich, dass diese alten Hirsche genau wissen, dass ihnen nichts passiert.

Terence, Gero und ich – den Schützen hatten wir mittlerweile verloren – standen wie angewurzelt da und schauten diesem imposanten und schönen Bewohner der Oberpfalz nach. Ein scharfes „Such verwundt" riss Gero aus seinen Träumen. Ein Schweißhund im sechsten Behang weiß genau, ob es sich um das richtige Stück handelt oder nicht. Hochkonzentriert suchte mein Hund durch die Fichtenhecke über die Fährte des alten Hirsches hinaus, als wäre dieser nie dagewesen.

Weiter ging es Richtung Osten. Endlich war vor uns wieder eine Freifläche. Im dürren und kniehohen Gras sahen wir nach langer Zeit abgestreiften Schweiß. Mein Hund lag also richtig! Nach etlichen Weißdornhecken, die ich durchkrochen hatte, standen wir auf einer Panzerrollbahn, der mein Hund unbedingt nach Norden folgen wollte. Ich hingegen wollte im Grunde genommen nicht mehr. Wir waren inzwischen schon gut vier Kilometer unterwegs, und ich war völlig durchgeschwitzt. Das Licht reichte höchstens noch für eine halbe Stunde, und für mich damals das Schlimmste: Ich hatte meine Zigaretten im Auto vergessen. Aber mein Jagdhund wollte weiter. Er stand stur auf der Rollbahn und reagierte auf keines meiner Worte. Also in Gottes Namen: Weiter!

Genau der Panzerrollbahn entlang ging unsere Suche dahin, und tatsächlich sahen wir auf den hellen Schottersteinen immer wieder Schweißspritzer. Von einem Bergefahrzeug konnte dieser Schweiß nicht sein, denn wir waren längst außerhalb des Gebietes, das bejagt worden war. Keine Frage also: Dieser sture Hund hatte recht! Manchmal frage ich mich, wer in unserem Gespann eigentlich der Boss ist?

Nach fünfhundert Metern verließen wir die Rollbahn, hinein in einen mit Kiefern und Fichten bewaldeten Berghang. Plötzlich blieb Gero stehen und äugte nach oben. Eine Rotte Sauen zog langsam dreißig Meter vor uns den Berghang entlang, wie auf einer Perlenkette aufgereiht. Nach ein paar Minuten waren sie an uns vorbei, ohne Wind zu bekommen. Wir mussten weiter, denn hier im Wald schwand das Licht von Minute zu Minute. Über die Fährte der Rotte, ohne auch nur einmal ihr folgen zu wollen, zog mein Hund hinauf zum Bergkamm. Hier oben erwartete uns dichtes Kiefernstangenholz. Da, ein Ruck, Gero hing im Brustgeschirr und gab giftig Laut! Jetzt waren wir am Ende der Fährte angelangt! Ohne zu zögern schnallte ich meinen Hund in die hereinbrechende Dunkelheit zur Hatz. Fährtenlaut, der gleich in Sichtlaut überging, tönte durch den kalten Berghang. Nach dreihundert Metern stand die Bail, und wir hörten laut den Ruf meines Hundes. Ich hieß Terence warten. Immer näher kam ich dem Ruf meines Hundes. Langsam und geräuschlos, der Wind stand mir ins Gesicht, ging ich die Bail an. Leichtfüßig wie ein Boxer hielt mein Schweißhund den Hirsch in Schach. Obwohl noch jung, wusste der Hirsch doch schon sein Geweih gut einzusetzen. Langsam nahm ich den K 98er vom Rücken und zielte. Doch was war das? Ich hatte kein Korn mehr! Irgendwo in den Schlehen oder Schwarzdornhecken musste ich mir das Leuchtkorn abgerissen haben. Egal, sind ja nur dreißig Meter, Schuss, der Hirsch bricht aus, nochmals Schuss, die Hatz geht weiter. Hundert Meter vor mir Standlaut. Nachladen und wieder heran an die Bail. Schuss, der Hirsch bleibt stehen, ich repetiere, Schuss. Der Hirsch bricht wieder aus, mein Hund hinterher. Kruzifix – das gibt's doch nicht! Wieder Standlaut, wieder angepirscht. Die Bail stand in einer Rückegasse. Ich hatte gutes Schussfeld, doch jetzt mir fiel ein, dass ich nur mehr eine Patrone hatte. Langsam ging ich in Anschlag, atmete ruhig, Scheiße, das Korn!, dachte ich, und Schuss. Wieder brach der Hirsch aus, und mein Hund schaute mich fragend an. Gefehlt!

Kurz darauf gab Gero wieder Standlaut. Ich rief laut nach Terence. Wenig später kam er, völlig außer Atem, mit seinem jungen Hund an der Leine, den Hang herunter. „Schieß du!“, forderte ich ihn auf. Er bot mir seinen Unterhebelrepetierer an, den ich nur von Western kannte, aber ich lehnte ab. Er solle die Bail langsam angehen und nur schießen, wenn der Hund seitlich oder vor dem Hirsch stand, aber nicht, wenn er sich hinter dem Hirsch aufhielt. Nach wenigen Augenblicken hörte ich den Schuss.

Aber was war das? Der Hirsch kam genau auf mich zu, flüchtete keine fünf Meter an mir vorbei – und Gero hinterher. Natürlich hätte auch der junge Hund von Terence, den ich an der Leine hatte, Spaß an der Verfolgung gefunden und wollte mitmachen. Nun war Terence da und sagte, dass er gefehlt habe, was ich ihm nur bestätigen konnte. Die Hatz entfernte sich immer weiter. Jetzt schnallte ich doch auch den Hund von Terence, denn der Hirsch musste zur Strecke! Plötzlich zwei Schüsse hintereinander. Wenig später war ich bei Terence und sah, wie beide Hunde den erlegten Hirsch beutelten. Jetzt, endlich, war es vollbracht.

Der Hirsch hatte einen Schuss durch die Drossel, wobei auch der Schlund abgerissen worden war. Eine Viertelstunde nach fünf war es, und es wurde Nacht im „Himalaya“ – nach fünf Kilometern Suche und einer Hatz von einem Kilometer.

Der Wilderei bezichtigt

Nicht nur in Hohenfels und beileibe nicht nur Rotwild haben Gero und ich nachgesucht. Sehr oft fielen gerade auf Sauen schwierige und denkwürdige Nachsuchen an, wie zum Beispiel an jenem Sonntag im März. Da rief mich am Nachmittag mein alter Jagdfreund und Revierinhaber Johann B. an: Er habe vor einer halben Stunde einen Frischling beschossen, ob ich nachsuchen könne?

Um 16.45 Uhr waren wir am Anschuss. Johann verständigte seinen Reviernachbarn und bat für eine revierübergreifende Nachsuche um Erlaubnis. Das Einverständnis des Nachbarn war nur Formsache. Um 16.50 Uhr begann ich mit der Nachsuche. Nach kurzem Bögeln war der Hund auf der Fährte. Wir gingen einen Kilometer in teilweise mit Fichtenverjüngung durchsetztem Altholz nach Westen. Hier, an einem Waldweg, war auch die Grenze zum Nachbarn. Nachdem ich diese überschritten hatte, machte die Fährte einen Haken nach rechts in Richtung Süden. Nach dreihundert Metern der nächste Richtungswechsel, diesmal nach Westen. Jetzt kam eine Reihe von Widergängen in alle Himmelsrichtungen. Ruhig und konzentriert, wie für einen Bayerischen Gebirgsschweißhund typisch, arbeitete sich Gero durch das Wirrwarr. Mittlerweile waren auch die Pächter dieses Reviers eingetroffen. Als wir die Widergänge entwirrt hatten, sagte ich zu Johann: „Ich glaube, wir sind unmittelbar vor der Sau!“

Wir gingen ungefähr vierhundert Meter weiter in südliche Richtung, von wo aus ich schon das Ende des Waldes erkennen konnte. Genau am Waldrand, in einer kleinen

Buchen-Eichendickung, hatte sich die Sau mit einem weiteren Frischling eingeschoben. Nach zwei Kilometern Suche schnallte ich um 17.45 Uhr meinen Hund zur Hatz. Die Hatz ging fünfhundert Meter übers Feld in Richtung Westen zu einem großen Waldstück. Ich konnte den Hetzlaut des Hundes gut verfolgen.

Nach einem Kilometer Hetze hörte ich in diesem Waldstück den Standlaut und versuchte so schnell wie möglich, zum Hund zu gelangen. Fünfhundert Meter bevor ich ihn erreichte, ging die Hetze weiter, aber jetzt Richtung Norden. Der Hetzlaut entfernte sich immer mehr – bis ich nichts mehr hörte.

Ich bat Johann, in Richtung der Hetze zu fahren, um festzustellen, wo Gero sich befand, und blieb mit den Revierpächtern vor Ort. Nach einer dreiviertel Stunde teilte Johann mir den Standort des Hundes mit, und wir vereinbarten einen Treffpunkt. Das Schwein hatte das Revier Eichenberg verlassen und war in ein verpachtetes Staatsrevier gewechselt. Bald würde es dunkel sein, und so brachen wir die Nachsuche ab. Johann hatte die Aufgabe, den neuen Revierpächter und -förster zu verständigen und die Erlaubnis für eine Nachsuche einzuholen.

Wir verabredeten uns für den nächsten Tag um 13 Uhr. Auf der Anfahrt erhielten wir dann die Genehmigung zur Nachsuche im neuen Revier. Da es seit Vormittag stark geschneit hatte, konnte ich nicht feststellen, ob Gero der richtigen Fährte folgte. Mit vollem Vertrauen und dem Wissen, dass mich mein treuer Gefährte nie enttäuschte, folgte ich Gero ins Revier von Frau Sch.

Nach weiteren 1.500 Metern waren wir an der Grenze zum Bayerischen Staatsforst, wo Erwin, ein alter Bekannter, Revierförster war. Johann bestätigte mir, dass er auch hier die Erlaubnis zur Weitersuche habe. Der Staatsforst Mönchswald ist das größte zusammenhängende Waldgebiet nördlich von Gunzenhausen und Haupteinstandsgebiet der Sauen. Ich war mir ziemlich sicher, dass hier irgendwo das Ende der Fährte sein würde. Die einzige Gewissheit, dass wir tatsächlich auf der Wundfährte waren, stellten zwei verschneite Wundbetten mit Schweiß dar, die mein Hund anzeigte. Mittlerweile hatte ich nach mehreren Dickungen und Widergängen die Orientierung verloren. Und auch meinen Jagdfreund Johann hatte ich in irgendeiner Dickung verloren. Ich war aber felsensicher, dass ich noch keine Hauptstraße überquert hatte und mich daher noch immer im Staatswald aufhielt.

Als ich schon daran dachte, die Nachsuche einzustellen, zeigte Gero ein weiteres Wundbett an. Frischer Schweiß und Trittsiegel – die Sau musste unmittelbar vor uns sein. Um 15.15 Uhr schnallte ich den Hund zur Hatz. Nach kurzer Stille ertönte Hatzlaut, der sich schnell entfernte, und bald konnte ich nur mehr von weitem leisen Standlaut vernehmen. Es ging bergab, und so schnell ich konnte, lief ich zu meinem Hund. Völlig außer Atem kam ich auf etwa hundert Meter an die Sau heran und sah, wie diese immer wieder durch Angriffe versuchte, dem hartnäckigen Stellen des Hundes auszukommen. Wer Bilder wie dieses kennt, wird mich – als Freund des Bayerischen Gebirgsschweißhundes – verstehen, warum Gero nicht nur mein Hund, sondern mein „Bua“ ist. Also Gewehr vom Rücken, langsam anpirschen, den Puls wieder ruhig bekommen, noch ein paar Schritte den zwei entgegen. Jetzt musste nur noch der Hund aus der Schussrichtung. Schuss – und daneben!

Das Schwein brach wieder aus und mein Hund hinterher. Wieder Hetzlaut, und dann Stille. Nach längerem Fußmarsch in Richtung der Hatz hörte ich wieder den Standlaut des Hundes. Ich pirschte mich wieder an, aber die Sau brach erneut aus. Wieder nichts zu hören. Ich rief meinen verlorengegangen Johann an und teilte ihm mit, dass er so schnell wie möglich mit dem Auto kommen solle. Er hatte den Schuss gehört und wusste daher grob um die Richtung meines Standortes.

Wir trafen uns auf einem Waldweg. Im Auto bestätigte mir Johann ein weiteres Mal, dass wir uns noch immer im Bayerischen Staatsforst befänden. Wir fuhren in Richtung Hatz, und bei einem kurzem Horchhalt hörte ich tatsächlich Geros Standlaut. Nichts wie hin! Johann ließ ich im Auto warten. Wieder anpirschen, wieder sah ich die Sau, und – zum Wahnsinnigwerden! – die Sau brach wieder aus. Kurz darauf erneut Standlaut. Über einen zugefrorenen Graben versuchte ich heranzukommen, brach jedoch ein und stand bis zur Hüfte im Wasser. Schnell heraus und in Richtung Sau. Um 17.05 Uhr dann endlich der Fangschuss.

Es war eine fünfundzwanzig Kilogramm schwere Frischlingsbache mit einem Vorderlaufschuss. Ich rief Johann an, er kam, und wir freuten uns wie zwei kleine Kinder. Nochmals fragte ich den Jagdfreund, ob wir uns noch auf Staatsgrund befänden. Ganz sicher war er sich nicht. In einer nahen Ortschaft wohnt Hans, der Bruder meiner Schwiegermutter. Ihn rief ich an und bat um Auskunft. Er kam und erklärte uns, wir seien nicht mehr im Staatsrevier. Der Graben, wo ich eingebrochen war, bildete die Grenze. Wir versorgten die Sau und brachten sie zu Hans. Er würde den auswärtigen Revierpächter verständigen, meinte er, da dieser immer bei Hans am Bauernhof Unterkunft bezog, wenn er im Revier weilte. Mir war das sehr recht, denn ich war völlig durchnässt, es hatte minus fünf Grad, mein Auto war zehn Kilometer entfernt, und wenn ich beim Auto war, hatte ich immer noch dreißig Kilometer, bis ich mich zu Hause umziehen konnte. Hans wurde von mir also genauestens über den zugrundeliegenden Sachverhalt eingewiesen, mit dem Hinweis, dass ich jederzeit für Rückfragen zur Verfügung stünde. Danach reisten wir ab.

Kurz vor Ankunft auf meinem Hof, klingelte das Telefon. Es war Hans, der mir vom Revierpächter ausrichten ließ, dass ich mit Problemen zu rechnen habe. Also rief ich ihn selbst an und schilderte erneut den Sachverhalt, meine Unschuld beteuernd. Von seiner Warte aus handle es sich um Wilderei, entgegnete er und drohte mit Anzeige. Und das alles nach einer sechsstündigen Nachsuche über zehn Kilometer, durch Brombeerhecken, Fichtendickungen, bergauf, bergab, völlig am Ende der Kräfte und nass bis auf die Knochen!

In Gedanken sah ich schon die Polizei im Haus, die Gewehre beschlagnahmt und mich im Verhörzimmer des Polizeireviers. Aber so dick kam es dann doch nicht. Durch die gute Arbeit meines Anwaltes wurde die Anzeige wegen Wilderei abgeschmettert. Allerdings danke ich Gott, dass es nicht viele solcher Pächter gibt. Denn letztlich sollte jedem Jäger klar sein, dass alle Nachsuchenarbeit letztlich auf drei Eckpfeilern steht: auf edler Absicht, ehrenamtlichem Tierschutz und Weidgerechtigkeit. Und von jedem Jäger sollte man erwarten können, dass er diese Eckpfeiler befördert – und nicht behindert!

Und es war Sommer

Eine der härtesten Nachsuchen, die ich je gemacht habe, fiel ebenfalls in einem Privatrevier an. Auch da ging es um Schwarzwild.

Es war ein herrlicher Sommerabend. Einer dieser milden Abende, an denen man schon weiß, dass man heute nicht einschlafen kann, wenn man zu Bett geht. Eben einer dieser Abende, an denen man sich mit Freunden gemütlich eine gute Flasche Wein und ein Steak genehmigt. Und diese Abende sind viel zu selten geworden!

Die Getreideernte war damals gerade voll im Gange. Die Bauern fuhren mit ihren Mähdreschern und großen Erntemaschinen die ganze Nacht durch, als ob es kein morgen gäbe. Unser Haus liegt inmitten einer kleinen Marktgemeinde mit 1.500 Einwohnern. Der angrenzende, etwa einen Hektar große Garten wird zum überwiegenden Teil als Pferdekoppel genutzt und macht das Anwesen zu einer richtigen Augenweide. Hier verbringen meine Frau Karin und ich im Sommer die meisten Abende. Sobald die Stallarbeit erledigt war, saßen wir noch mit Freunden am Schwedenfeuer und ließen den Tag gemütlich ausklingen. Und wenn ich dann oft so nachdenke, dass vor gar nicht allzu langer Zeit unsere beiden Söhne noch im Sandkasten mit dabei waren, merke ich erst, wie schnell die Zeit vergeht. Man möchte sie zurückholen und festhalten, weil jeder dieser Tage und Abende etwas Besonderes war. Meine Frau und ich genießen diese schönen Stunden ganz bewusst. Wir haben den „Spirit“ in uns und leben jeden Augenblick, denn verlorene Zeit kommt nicht mehr zurück. Unsere beiden Söhne sind jetzt Teenager, und es wird nicht lange dauern, dann werden wir mit unserem Hund und den Pferden alleine sein. Vielleicht ist es aber ganz gut, dass man die Zeit nicht festhalten kann. Zum Leben gehört auch das Loslassen, denn nur so entsteht Veränderung.

Es war schon neun Uhr am Abend, die Grillen sangen, der Wein war fast zu warm, und das Fleisch brutzelte am Grill und gab dem schönen Sommerabend die richtige Duftnote. Wie eine Katze schlich Gero immer wieder um den Grill, um sich eine Wurst zu schnappen, die mir ab und zu hinunterfiel. Oder er wartete unter dem Gartentisch auf ein Schnäppchen. An so einem Abend denkt man an alles, nur nicht an eine Nachsuche. Aber erstens kommt es anders, zweitens als man denkt. Unser großer Sohn kam mit dem Telefon und bemerkte, dass ein Jäger dran sei.

Es war Ludwig, ein großer Landwirt und begnadeter Sauenjäger. Seine landwirtschaftliche Fläche hat das Ausmaß einer Eigenjagd. Dazu kommt, dass diese Fläche das Haupteinstandsgebiet der Sauen ist. In urfränkischem Dialekt wollte er mir erzählen, was er heute erlebt hatte. Ich unterbrach meinen Freund sofort und meinte, er solle doch mit seiner Helga auf einen Schluck vorbeikommen. Ohne seine Antwort abzuwarten, legte ich auf, denn er hätte sonst erzählt, dass er Landwirt und nicht Beamter sei und keine Zeit habe.

Zehn Minuten später gab mein Hund am Gartentor Standlaut. Durch das Gartentor dürfen nämlich nur meine Frau, die beiden Söhne und ich – und sonst niemand. Die Gäste, die durch das Haus in den Garten gingen, interessierten Gero hingegen nicht. Es war Ludwig mit seiner Frau. Mit einer Flasche Bier in der Hand sagte er in seiner unbekümmerten fränkischen Art: „Deinen Rotwein kannst du selber trinken. Richtige Männer trinken nach einem harten Tag Bier!“

„Gut, dass wir dich alle kennen. Mit so einem Mann müsste man sich sonst nur schämen“, meinte Ludwigs Frau Helga.

Wenn wir beide miteinander sprachen, hörte sich das an, als seien wir wie Hund und Katz. Aber dem war nicht so. Jeder respektierte den anderen mit all seinen Eigenheiten. Unsere anderen Gäste waren mittlerweile gegangen, aber nicht, weil Ludwig gekommen war. So konnte ich mich fast ausschließlich Ludwig widmen. Unsere Frauen hatten ihr eigenes Thema.

Ich sah es ihm förmlich an, dass er platzen würde, wenn er jetzt nicht gleich loslegen durfte. „Du, pass auf! Ich habe heute Nachmittag den Weizen im Ellenbach gedroschen. Du kennst doch den großen Acker an der Kapelle. Nachdem ich zur Hälfte fertig war, sah ich vor dem Mähdrescher den Buckel einer starken Sau. Die lief immer zehn Meter vor dem Mähwerk her. Nachdem ich sie links vor mir hatte, habe ich sie beschossen – leider vermutlich ein Gebrechschuss. Ohne zu zeichnen ist sie hinterm Mähdrescher verschwunden, und ich habe außer jeder Menge Schweiß nichts gefunden. Mit dem Dreschen habe ich aufgehört, um dir die Arbeit nicht noch schwerer zu machen!“

Sie haben richtig gelesen! Von Anfang Juli bis Ende September ist der Ludwig immer bewaffnet auf seinen Landmaschinen unterwegs – ganz gleich, ob beim Ernten von Getreide oder beim Häckseln von Mais.

„Hast du morgen Zeit?“, fragte er mich, die Bierflasche in der Hand.

Ich hatte Zeit. Nach einer kurzen Nacht stand ich um viertel vor fünf Uhr bei Ludwig auf der Matte. Kurze Zeit später fuhren wir, noch etwas unausgeschlafen, zum fünf Kilometer entfernten Ellenbach-Acker. Um Gero nicht gleich verrückt zu machen, untersuchten zunächst Ludwig und ich alleine den Anschuss. Schon von weitem war der dunkle, getrocknete Schweiß auf den Getreidestupfeln zu sehen. Ohne dass ich den Anschuss genau untersuchte, war mir klar, dass es sich wirklich um einen Gebrechschuss handelte. Im großen Umkreis des Anschusses lag der Schweiß wie mit der Gießkanne gespritzt. Und was mein Freund am Vorabend nicht gefunden hatte, das legte der geschulte Blick offen: poröses Knochenmaterial und Zähne. Scheiße!

Diese Nachsuche würde für den Hund und mich nicht einfach werden. Nur eine von zehn Nachsuchen auf Sauen mit Gebrechschuss sind von Erfolg gekrönt. Aber gut, schließlich waren wir Profis. Ich habe in meiner Nachsuchenpraxis gelernt, Informationen zu sammeln, sie auszuwerten und in ein Lagebild umzusetzen, damit Erfolg auch in schwierigen Fällen erzielt werden kann.

Ich sagte Ludwig, dass ich keinen Begleiter benötigte, aber ein Fahrzeug jederzeit abrufbereit sein musste. Dann legte ich Gero Halsung, GPS und Schweißriemen an, ruhig, laut flüsternd, und so, als hätte ich alle Zeit der Welt. Ich lud die Nachsuchenbüchse, zog die Warnjacke an und ging mit Gero zum Ort des Geschehens. Wenigstens hatte diese Nachsuche einen Vorteil – wir konnten nicht von der Sau angenommen werden. Ein Schwein mit Gebrechschuss hat so große Schmerzen, dass es bei der Flucht alles meidet, was ihm vor den Wurf kommen könnte.

Mein Gero zog, ohne sich auch nur im Geringsten um den Anschuss zu kümmern, weg vom abgedroschenen Stück Getreide hinein in den Weizen, den Ludwig noch stehen hatte lassen. Wo man hinsah Schweiß – sogar die Ähren waren voll davon. Hier musste die Stelle sein, wo die Sau hinter dem Mähdrescher verschwunden war, denn da war eine Reihe nicht fertig gedroschen. Doch was war das? Nach weniger als hundert Metern kam schon der erste rechtwinklige Haken nach links. Bald war es offensichtlich: Die Sau hatte nicht den logischen Weg geradewegs in den Wald gegenüber genommen, sondern war längs des Weizenackers gegangen – hinaus aufs Feld.

Trotz der frühen Stunde war mein Unterhemd schon durchgeschwitzt. Gero arbeitete ruhig und konzentriert wie immer. Es war ein stiller, herrlicher Morgen, ohne Lärm von Menschen oder Autos, nur das jungfräuliche Erwachen der Natur, mit dem Duft von Kräutern, Blüten, Blumen und Feldfrüchten, dem Singen der Vögel und dem Summen der ersten Bienen und Hummeln. Aus einem leichten Nebelschleier lösten sich in der Ferne Gehöfte und Feldgehölze heraus. Aber wir waren heute nicht hier, um die Schönheit der Natur zu bewundern. Unser Auftrag war es, die Sau zu finden.

Auf einmal wurde der Schweißriemen in meiner Hand schlaff. Gero saß vor mir am Ende eines Weizenackers auf einem Feldrain und schaute vor sich in den Graben. In Bruchteilen von Sekunden war ich mit der Büchse im Anschlag. Doch wäre die Sau da gewesen, hätte Gero sich anders verhalten. Trotzdem arbeitete ich mich hochkonzentriert zu meinem Hund vor. Der Graben war zwar leer, aber ich entdeckte dort unten eine Knochenplatte vom

Kiefer, dazu jede Menge Schweiß. Deutlich war das Wundbett zu erkennen. Hier hatte sich die Sau längere Zeit aufgehalten. Für die weitere Flucht hatte sie den Schutz des Grabens gewählt. Schweiß war ab hier aber fast keiner mehr zu finden. Die Sau musste hier mindestens drei Stunden im Wundbett gesessen sein. In dieser Zeit hatten sich die Blutbahnen verklebt, und dadurch war die Blutung fast zum Stillstand gekommen. Bei dem Knochenstück handelte es sich um einen innenhandgroßen linken Backenkieferknochen. Der Schmerz und das Leid dieses Wildschweins mussten immens sein – noch mehr Ansporn, das Wild um jeden Preis zu bekommen.

Tierschutz ist heute in aller Munde. Was die gesetzlichen Rahmenbedingungen hinsichtlich der Nachsuchen in unserem Land angeht, liegt hier aber noch vieles im Argen, die ganze Verantwortung liegt bei freiwilligen Hobby-Nachsucheführern. Ich habe mich beim hiesigen Landesjagdverband vor kurzem als „Hauptamtlicher Nachsuchenführer" beworben und dafür nur ein Lächeln geerntet. Meines Erachtens besteht hier – aus Gründen des Tierschutzes – dringender Handlungsbedarf.

Nachdem Gero also intensiv das Wundbett bewittert hatte, zog er im Graben entlang. Je weiter wir uns vom Wundbett entfernten, umso weniger Schweiß sah ich. Nach dreihundert Metern hatte die Sau an einem Durchlass den Graben verlassen, hatte einen Pflasterweg überquert und war in den angrenzenden Maisacker gegangen. Wegen der Hitze der letzten Tage war die Erde zwischen den Maisreihen staubtrocken und eine Saufährte nicht auszumachen. Nach einem scharfen „Nur verwundt" schaute Gero mich grimmig an und bestätigte mir so, dass wir auf dem richtigen Weg waren. Im halbhohen Maisacker merkte ich schnell, dass die Kühle des Morgens vorbei war. Schweiß stand mir im Gesicht, und mein Hund hechelte hörbar. Nachdem wir die Hälfte des Ackers durchquert hatten, fing Gero zu kreisen an. Fünfzig Meter vorher hatte ich auf einem Maisblatt noch abgestreiften Schweiß mit dem Markierband verbrochen. Immer wieder zurückgreifend, versuchte Gero weiterzukommen, ohne Erfolg. Nach zehn Minuten suchte mein Hund plötzlich denselben Weg zurück. Warum hatte ich nicht gleich daran gedacht? Der erste Widergang! Aber es hätte mir ohnehin nichts genutzt, wenn ich daran gedacht hätte. Denn der Hund musste selbst den Abgang finden. Also wieder zurück, hundert Meter, vorbei an der markierten Schweißstelle, dann ein kurzes unsicheres Kreisen und schließlich, wie von selbst, ein Haken nach rechts.

Diese Widergänge kann nur ein Hund ausarbeiten, der zum einen frühzeitig von seinem Führer dazu ausgebildet wurde und zum anderen sehr viel Erfahrung auf der Wundfährte hat. Ein junger unerfahrener Hund wäre spätestens hier gescheitert, die Suche wäre zu Ende gewesen. Aber wir hatten die Erfahrung, wir waren ein Team, und dazu noch eines mit einem extrem ausgeprägten Beutetrieb.

Mittlerweile war es in diesem Maisacker so warm geworden, dass ich klatschnass war und selbst die Hose an den Beinen klebte. Unbeirrt führte mich Gero durch den Mais. Einmal nach links, dann wieder nach rechts abbiegend, erreichten wir das Ende des Ackers. Ein Blick auf die Uhr: Über zwei Stunden hingen wir nun schon der Sau nach. Ich gab Ludwig telefonisch einen Lagebericht durch. Während ich sprach, merkte ich, dass mein Hund weiterwollte und keine Pause brauchte. Sein Beutetrieb war voll erwacht. Durch ein Brummen gab Gero mir zu verstehen: weiter! Ich bin felsenfest davon überzeugt, dass ein Hund wie Gero nicht nur in einem außergewöhnlichen Maße eine Fährte halten kann, sondern auch weiß, wie weit noch zu gehen ist.

Im Anschluss an den Maisacker überquerten wir eine frisch mit Gülle gedüngte Wiese, an die eine hundert Meter lange Hecke angrenzte, und unmittelbar dahinter lag ein Feldgehölz. Ohne Korrektur zog Gero über diese Wiese hinein in die etwas breitere Hecke. Der Gestank der durch die Sonne aufgewärmten Gülle war beißend. Wie konnte bloß ein Hund unter diesen Umständen noch die Fährte halten? Nach ungefähr zwanzig Metern in der Hecke zeigte mir der Hund das zweite Wundbett. Unter einer weit ausladenden Weide hatte sich die Sau im hohen trockenen Gras niedergetan. Auf dem hellen Gras erkannte man deutlich Schweiß, wenn auch wenig, und man sah auch, wie die Sau gelegen war. Sie war nicht auf der Seite gelegen, sondern auf allen Vieren gesessen. Ein Zeichen dafür, dass sie nur kurz Halt gemacht hatte. Mittlerweile hatte sie bestimmt starkes Fieber und suchte Wasser. Aber das nächste Wasser, der Ellenbach, lag bereits hinter uns.

Vom Willen meines Hundes angesteckt, befand auch ich mich in einer Art „Suchenmodus", einem hochkonzentrierten Zustand, in dem Mensch und Tier nur noch ein Ziel haben: unbedingt Beute zu machen. Ohne Hast, alle Sinne nur mehr auf dieses eine Ziel gerichtet, vergisst man, dass es heiß ist, dass man irrsinnigen Durst hat, dass kleinere Blessuren schmerzen. Ich spornte meinen Hund an, streichelte ihm über den Kopf – „Such weiter verwundt!"

Die Zuneigung war Lohn für ihn, er nahm sie als Anerkennung für die tolle Arbeit, und es beflügelte ihn, alles zu geben. Die Sonne stand schon hoch am Himmel, als Gero das Wundbett im rechten Winkel in Richtung Feldgehölz verließ.

Es war einer dieser Bauernwälder, die viel zu aufgeräumt sind, in denen es keinen Waldsaum, keine Brombeeren, kein Totholz gibt, und wo man vom Anfang bis zum Ende sehen kann. Ein Wald, den nicht einmal ein Reh annahm. Und doch: Hier, keine zweihundert Meter vom letzten Wundbett, zeigte Gero schon das nächste an: mehr Schweiß als beim letzten. In immer kürzeren Abständen folgten weitere Lager. Der in den Lagern mit den Schalen aufgekratzte Boden wies darauf hin, dass die fiebrige Sau versucht hatte, sich in der Erde zu kühlen. Normalerweise ist das Scharren untypisch für ein Wildschwein. Aber was tun, wenn der Wurf nicht eingesetzt werden kann? Mir waren die vielen Unterbrechungen der Flucht recht, denn so würde die Sau nicht mehr so viele Kilometer zurücklegen.

Mein Hund wollte sich nicht mehr lang aufhalten. Noch während ich mir das Wundbett anschaute, suchte er schon den Abgang. Wieder hatte die Sau das Lager im rechten Winkel verlassen, was meine ursprüngliche Vermutung bestätigte: Sie ging zurück, suchte das Wasser, und der Ellenbach war das einzige weit und breit. Die Hitze wurde schier unerträglich. Wenn wenigstens ein kleines Lüftchen gegangen wäre! Doch alles Klagen half nichts. Wir mussten weiter, mussten uns überwinden und es einfach so nehmen, wie es war. Auf eine Nachsuche kann man nicht groß Gepäck mitnehmen, Wechselkleidung und Wasser würden in einer Dickung zur unerträglichen Belastung werden.

Mit einem „Weiter verwundt, mein Hund" verließen wir im rechten Winkel das Feldgehölz. Es ging hinein in einen Gerstenacker, geradewegs Richtung Ellenbach. In der hohen trockenen Gerste konnte ich Gero vor mir nur erahnen. Immer wieder musste ich anhalten, um die Halme vor mir umzulegen, damit ich sie auf Schweißspritzer untersuchen konnte. Aber Fehlanzeige, seit dem letzten Wundbett hatte ich keine Bestätigung mehr. In diesem Getreide konnte ich keinen Gang erkennen, aus dem ich schließen hätte können, dass vor meinem Hund schon etwas gelaufen war. Aber aufgrund unserer langjährigen Zusammenarbeit und seines Verhaltens wusste ich, dass Gero auf der Fährte war.

Wie angenagelt stand die Sonne am Himmel, und langsam überkam mich der innere Schweinehund. Was sollte das Ganze? Die Sau bekamen wir nie! Die schob sich erst am Abend wieder ein. „Los, Helmut, hör auf! Dein Hund will auch nicht mehr!" Solche und ähnliche Dinge gehen mir vor allem bei schwierigen Suchen immer wieder durch den Kopf. Natürlich kann man den Weg des geringsten Widerstandes gehen und die Suche dann abbrechen. Bei mir läuft das anders. Ich stelle mir dann das furchtbare Leid des Tieres vor, und dass dieses Leid nur mein Hund und ich beenden können. Das hat noch jedes Mal geholfen.

Man weiß nicht, wann das Ende einer Fährte kommt. Und jedes Mal trifft es einen wie der Blitz aus heiterem Himmel. – Gero hing ohne jede Vorwarnung plötzlich giftig Laut gebend mit den Vorderläufen in der Luft im Brustgeschirr. Unmittelbar vor uns, am Ende des Gerstenackers, keine fünf Meter vom Maisacker entfernt, wurde die Sau in einer Wolke aus Schmeißfliegen hoch und verschwand im Mais. Sie hatte so gut wie keinen Kiefer mehr. Der Rest davon, samt Lecker, hing wie ein lebloser Fremdkörper im Gesicht und schien richtig weiß, da alles mit Fliegeneiern übersät war. So etwas hatte ich bis heute noch nicht an einem lebenden Tier gesehen. Jedenfalls war damit klar: Dieses Schwein mussten wir um jeden Preis bekommen! Mit einem Satz sprang ich zu Gero, der immer noch Laut gebend im Riemen hing. Ich musste aufpassen, dass er sich nicht losriss und mit dem Schweißriemen zur Hatz ging. Im letzten Augenblick fiel mir noch ein, dass ich seinen GPS-Sender noch nicht aktiviert hatte. Bei 35 Grad um zehn Uhr vormittags schnallte ich meinen Bayerischen mit einem lauten „Fass!" Ebenso schnell wie die Wildsau war mein Hund im halbhohen Maisacker verschwunden.

Ich stand wie angewurzelt in der Sonne. Mein Herz raste, ich war mit Adrenalin vollgepumpt. Da Gero nicht fährtenlaut war, stand ich in einem Meer von Stille und sehnte mir den Laut meines Hundes herbei. Außer dem wilden Surren und Summen der tausenden Schmeißfliegen aber nur Stille rund um mich herum. Aus dem Horchen wurde höchste Anspannung. Jedes noch so kleine Geräusch wurde herausgefiltert. Und endlich, weit hinten im Wald, meinte ich etwas gehört zu haben. Beine unter die Arme, und nichts wie hin! Wie von Hornissen verfolgt, rannte ich durch den Maisacker bis zum Waldrand. Innehalten und Horchhalt. Die Halsschlagader pochte wie wild. Völlig außer Atem, lief mir der Schweiß in Bächen von der Stirn. Die Kleidung klebte triefnass am Körper. Aber Gero gab eindeutig Standlaut. Ich sprang über umgefallene Bäume, Wurzeln und zwängte mich durch Gestrüpp – dem giftigen Laut meines Hundes entgegen. Noch im Gehen nahm ich die Büchse vom Rücken, repetierte eine

Patrone ins Lager und legte die Flügelsicherung meines 98er in Mittelstellung. Vorn im Kiefern-Altholz sah ich beide – Hund und Schwein. Halb geduckt, wie ein Boxer, den Schlag des Gegners erwartend, bellte Gero die Sau an. Noch während ich mich anpirschte, nein, es war kein Anpirschen, es war mehr ein Angehen, legte ich die Flügelsicherung nach links und ging in Anschlag. Doch plötzlich ging mein Handy in der Brusttasche los. Es traf mich wie ein elektrischer Schlag. In Bruchteilen von Sekunden sah ich nur noch den Bürzel der Sau und einen Hund, der mich kurz fragend anstarrte und sofort wieder der Sau auf den Fersen war. Wütend riss ich die Nachsuchenjacke auf, um nach dem verdammten Handy zu fingern. Am liebsten hätte ich es an einen Baum geknallt. Die Vernunft riet mir aber, dies nicht zu tun, sondern es auszuschalten, ohne mit dem Anrufer zu sprechen. Später stellte sich heraus, dass es Ludwig gewesen war. Wieder stand ich allein im Wald und lauschte zwanghaft nach dem Bellen meines Hundes.

Draußen auf dem Feld war mittlerweile die Ernte wieder voll im Gange. Keine zweihundert Meter von mir entfernt, wo gerade noch die Sau gelegen war, wurde schon wieder Gerste gedroschen. Über mir flog ein Hubschrauber der US-Armee, die hier ganz in der Nähe einen Stützpunkt hat. Bei diesem Lärm hatte ich keine Chance, etwas zu hören. Im Augenblick konnte also nur mein GPS-Gerät helfen. Das Aktivieren des Empfängers dauerte, da ich erst wieder mein Handy einschalten musste. Gut, dass mich niemand begleitete, denn in diesem Augenblick wäre mir jeder recht gewesen, um meine Aggression abzuarbeiten. Aufgrund der Hitze, der Anstrengung und des Adrenalins hatte ich einen hochroten Kopf und war völlig nassgeschwitzt. Ein paar Minuten – mir schien es eine Ewigkeit – dauerte es, bis der eigene Standort für die GPS-Suche festgelegt war und ich mit dem Orten des Hundes beginnen konnte. Ich fürchtete, dass Gero die Hatz aus Erschöpfung abbrach, und der Gedanke war mir unerträglich. Ich musste dieses Wildschwein erlegen, weil ich wusste, was ich sonst in den nächsten Tagen und Nächten durchmachen würde.

Der Kompass auf meinem Handy zeigte einen fixen Standort an, knapp drei Kilometer nördlich. Mein Hund hatte also nicht aufgegeben und die Sau gestellt! Um sicherzugehen, rief ich den Sender am Halsband an und konnte abwechselnd Wassergeplansche und den Laut meines Hundes hören. Ich konnte mir keinen Reim auf diese Geräusche machen. Körperlich völlig am Ende, folgte ich nur mehr im Schritttempo dem Pfeil am Handy. Keine zweihundert Meter entfernt hörte ich den sporadischen Laut des Hundes – das klang mehr nach dem Ringen nach Luft als nach Standlaut. In einem Buchen-Altholz sah ich ihn, auf allen Vieren sitzend, bellen. Er saß da und war sichtlich am Ende seiner Kräfte. Seine Zunge berührte fast den Boden. Ausgelaugt bis auf den letzten Tropfen Energie, dachte ich. Doch ich täuschte mich. Als er mich sah, sprang er auf, als ob nichts gewesen wäre und gab wieder giftig Laut. Erst jetzt erfasste ich die ganze Situation. Unmittelbar vor uns in einer Suhle, die man erst einsehen konnte, wenn man davorstand, saß das Schwein. Es hockte fünf Meter vor mir wie ein Hund und wartete auf mich. Noch heute sehe ich das schreckliche Bild dieser gepeinigten Kreatur vor mir. Seit über siebzehn Stunden vegetierte das Wildschwein mit dieser Verletzung schon dahin, mit zerschmettertem Gebrech. Die Sau saß reglos im Wasser und starrte mich mit leidvollem Blick an. Bei all meinen Nachsuchen habe ich einen solchen Blick nie mehr gesehen. Das Tier hatte mit seinem Leben abgeschlossen. Es wollte und konnte nicht mehr flüchten – es ergab sich seinem Schicksal. Gero, der mittlerweile verstummt war, saß bei mir, und wir blickten zusammen auf diese arme Sau. In solchen Augenblicken, vollgepumpt mit Adrenalin, bin ich wie in Trance, und da prägt sich jede Einzelheit unauslöschbar in mein Gedächtnis ein. Ich nahm das Gewehr, repetierte wieder eine Patrone ins Lager, ging in Anschlag und nahm Abschied. Ein ohrenbetäubender Knall hallte durch den Sommermorgen. Für kurze Zeit stand die Welt still: Ein Stück meiner heimatlichen Natur hatte sein Leben verloren.

Mein Achtzehn-Gramm-Geschoss hatte die Sau genau zwischen den Lichtern getroffen. Ihr Leben verlosch augenblicklich. Kalte Schauer liefen mir über den Rücken. Völlig am Ende meiner Kräfte riss ich mir die Kleidung vom Leib. Alles klebte. Mein Hund setzte sich zum Kühlen zu der toten Sau in die Suhle und hatte nicht einmal Lust, sie zu rupfen. Mit freiem Oberkörper und barfuß stellte ich mich ebenfalls in die kühle und blutige Brühe. Als Nachsuchenführer darf man nicht zimperlich sein, und man muss sich bei den verschiedensten Abenteuern auch manchmal quälen. Honiglecken ist das Nachsuchenleben mit Sicherheit keines. Man stopft lebenden Hunden die Eingeweide wieder in den Bauchraum zurück und vernäht anschließend die Wunde. Man rauft mit Wildschweinen und tötet sie mit dem Messer. Blut und penetranter Gestank gehören bei dieser Arbeit zur Tagesordnung, wogegen Dank und Anerkennung nicht so häufig vorkommen.

Ich rief Ludwig an und sagte ihm, wo wir waren: nach einer fünf Kilometer langen Nachsuche nur dreihundert Meter vom Ausgangspunkt entfernt. Eine Viertelstunde später hörte ich ihn mit dem Traktor den Waldweg entlang kommen. Zunächst freudiges Lächeln, dann folgte die Ernüchterung. Betroffenheit und Abscheu standen ihm ins Gesicht geschrieben, als er sein Schwein in Besitz nahm. Als wir die Sau gemeinsam in die Schaufel des Traktors hoben, meinte Ludwig: „Hoffentlich passiert mir so etwas nie wieder!“

Obwohl Gero und ich unvorstellbare Anstrengungen hinter uns hatten, lehnte ich es ab, mit einem Fahrzeug nach Hause gebracht zu werden. Ich wollte jetzt einfach mit Gero und meinen Gedanken alleine sein, wollte keine Belobigungen hören, geschweige denn jede Einzelheit der Nachsuche erzählen müssen. Ludwig fuhr Richtung Hof ab. Ich hockte mich zu meinem Hund auf den Waldboden, nahm ihn in den Arm und dachte nochmals an das Wildschwein. Ich faltete meine Hände, blickte zum Himmel und sagte Dank. Denn bei einem, da bin ich mir ganz sicher: dass das, was wir im Leben tun, nicht von uns alleine bestimmt wird.

Es war noch immer ein herrlicher Sommertag, als ich barfuß und mit freiem Oberkörper, die Büchse geschultert, mit meinem Hund durch die Felder Richtung Ludwigs Hof marschierte. Und während ich so dahinlief, stieg eine Ahnung in mir auf: dass ich mir heute Nacht um das Einschlafen keine Gedanken machen musste …

Notoperation mit gutem Ausgang

Gerade Nachsuchen auf Sauen bergen immer auch besondere Gefahr. Von einer solchen Nachsuche, bei der mein Hund in eine missliche Lage gekommen ist, möchte ich nun kurz erzählen.

Es war der 1. August, als mich Wolfgang F. anrief und mich um eine Nachsuche auf einen angeschweißten Frischling bat, den er am Vorabend um halb zehn Uhr auf einer Waldlichtung beschossen hatte. Der Frischling war alleine gekommen und hatte sich am Malbaum gerieben.

Um zehn Uhr am nächsten Vormittag war ich mit Gero am Anschuss und fand am Malbaum Schweiß. Eine Viertelstunde später legte ich Gero zur Fährte. Viel Schweiß machte uns die Folge leicht. Nach etwa vierhundert Metern hörte der Schweiß auf. Nach achthundert Metern sah ich in einer großen Buchen- und Eichenverjüngung, wie der Frischling aus dem Wundbett hochwurde. Um 11.15 Uhr schnallte ich den Hund zur Hatz, bei der nach kurzem der Hatzlaut in Standlaut überging. Wenig später hörte ich Gero zweihundert Meter vor mir heftig klagen. Ich eilte hin, währenddessen Gero immer lauter klagte.

Bei meinem Hund angekommen, bemerkte ich, dass wir in eine ganze Rotte geraten waren. Überall um uns herum waren Sauen. Vermutlich war Gero beim Stellen des Frischlings von mehreren Sauen angegangen worden. Es bot sich ein schreckliches Bild. Der Hund lag auf der Seite und hatte eine fünfzehn Zentimeter lange Wunde an der rechten Flanke, außerdem mehrere Löcher im Brust- und Wirbelsäulenbereich. Ich beauftragte F., mein Auto zu holen, währenddessen ich den Hund aus der Dickung trug. Beim Tierarzt kündigte ich den Notfall an. Als wir in der Praxis eintrafen, waren schon alle Vorkehrungen für die Notoperation getroffen.

Gott sei es gedankt: Gero überstand auch diese unangenehme Erfahrung und den chirurgischen Eingriff.

Déjà-vu oder: Geros Ende

Manchmal geschehen Dinge, die nicht passieren dürften. Und man hat diese Dinge auch noch selbst angezogen. Mit unseren Gedanken, die wir aussenden, ziehen wir Ereignisse an, und wir bekommen Antwort aus dem Universum. Natürlich macht sich ein Hundeführer Sorgen, wenn sein Hund an der Sau ist. Er ist auch froh, wenn der Hund dann am Abend gesund in seinem Körbchen liegt und von den Familienmitgliedern gestreichelt wird. Dass das auch einmal anders sein könnte, ist einem schon bewusst. Man denkt hin und wieder darüber nach, glaubt aber nicht an die unvorstellbare Macht unserer Gedanken.

An diesem 17. Januar lag mein Hund nicht in seinem Körbchen. Als wir beim Abendessen saßen, stand er nicht mit seinem einzigartigen Blick vor meiner Frau und bettelte um das Stück Wurst, das er von ihr immer bekam. Meine Kinder streichelten unseren Gero nicht und gingen mit ungewaschenen Händen zu Bett. So viele Male waren wir als Gewinner vom Platz gegangen. Heute waren wir die Verlierer.

Es hat lange gedauert, bis ich über das Geschehene reden, geschweige denn schreiben konnte. Noch immer mache ich mir große Vorwürfe. In jeder Nacht bin ich in meinen Träumen in dieser Dickung und trage meinen toten Hund zum Auto. Und das, obwohl ich schon als Kind mit der Weisheit erzogen worden: „An ein Tier darfst du dich nicht hängen!“ – Ja, diese Weisheiten der Älteren. Man hängt an so einem Tier viel mehr, als man sich eingestehen mag. Aber man weiß es erst, wenn dieser gute Freund nicht mehr da ist.

Ein herrlicher Tag zog herauf, an diesem 17. Januar. Über Nacht hatte es geschneit, und als wir im Wintergarten beim Frühstück saßen, schien die Sonne auf die weiße Landschaft. Ich wartete schon darauf, dass das Telefon klingelte und einer sagte: „Sauen fest!" Noch hatte ich den Gedanken nicht zu Ende gedacht, als meine Frau sagte: „Du weißt schon, dass wir heute Mittag zum Essen gehen?"

„Klar", antwortete ich.

In Wirklichkeit hatte sie am Vorabend zwar darüber geredet, es dann aber alleine beschlossen. Na gut, ich war in den letzten Wochen auf so vielen Saujagden gewesen, dass es auf eine mehr oder weniger nicht ankam. Mit dieser Einstellung ging ich an meine sonntägliche Büroarbeit, zufrieden, dass bis zur Stunde noch keiner angerufen hatte. Jetzt hätte diese Geschichte enden können. Tat es aber leider nicht. Denn natürlich klingelte das Telefon. Die Waltraud war dran und fragte, ob Gero und ich Zeit hätten, da sie in ihrem Revier Sauen fest hatten. Stotternd hielt ich dagegen, dass ich mit meiner Familie zum Essen musste. „Wir treffen uns sowieso erst um drei Uhr", entgegnete Waltraud.

„Ich schau, ob ich das schaffe, aber rechne bitte nicht mit mir", ließ ich sie wissen.

Saujagd bei der Waltraud, und ich nicht dabei! Wenn Waltraud anruft, sind immer Sauen in der Dickung. Eine gewisse Unruhe ließ eine konzentrierte Büroarbeit nicht mehr zu. Kurz vor elf Uhr stand ich bei meiner Frau, die gerade die Betten machte, und fragte sie, wann wir endlich gehen konnten. „Wer war denn am Telefon? Ist wohl schon wieder irgendwo Jagd!“, argwöhnte sie.

Kurz und gut, wir saßen pünktlich um zwölf in der Gastwirtschaft, und ich war mir sicher, es bis drei zu schaffen. Ein Auge auf die Uhr des Raumes gerichtet, tat ich so, als ob ich Zeit ohne Ende hätte. Mitten aus dem Gespräch heraus meinte meine Frau plötzlich, dass ich ja später auf die Jagd gehen könne, weil sie mit den Kindern sowieso noch lernen müsse. Mein Schatz hatte mich wieder einmal völlig durchschaut! „Kann ich machen“, war meine kurze Antwort.

Und, wie es der Zufall wollte, waren mein Hund und ich kurz vor drei Uhr beim Treffpunkt. „Schön, dass du es geschafft hast“, begrüßte mich Waltraud. Es ist schon eigenartig, was die Worte „Sauen fest“ bei einem Jäger bewirken können.

Nach einer kurzen Einweisung ging es los. Geplant war, eine Dickung zu umstellen und die darin liegenden Sauen mit Hunden und Treibern auf die Läufe zu bringen. Bei so etwas ließ ich meinen Gero immer im Auto, da unsere Arbeit erst nach dem Schuss begann. Dieses großräumige Umstellen einer Dickung kann einem ganz schön lange vorkommen, vor allem, wenn man als erster angestellt wird. Endlich hörte ich die Treiber, die lauthals und zeitgleich mit dem giftigen Laut der Terrier in die Dickung gingen. Gleichzeitig mit dem Hundegeläut erscholl das sich überschlagende Geschrei der Treiber: „Sau, Achtung, Sau nach hinten! Sauen nach rechts!“ Spätestens da schlägt einem der Puls bis zum Hals, und man wartet auf eine Bewegung vor sich. Hochkonzentriert stand ich im Voranschlag da, aber immer mit dem Gedanken im Kopf, ja nicht ins Treiben und nur auf Sauen zu schießen: Bewusstmachen der elementaren Sicherheitsbestimmungen.

In der Tat kamen drei Sauen achtzig Meter vor mir aus der Dickung ins Fichten-Altholz. Die Bache vorneweg, gefolgt von zwei Frischlingen. Plötzlich blieb die Bache stehen, und mit ihr die Frischlinge. „Sicherungshalt" nenne ich das immer, eine von der Natur gegebene Überlebensstrategie. Bei dem Lärm hätte man gemeint, dass alles, was da in der Dickung war, diese in wilder Flucht verlassen würde. Nicht aber bei einer von einer Bache geführten Rotte. Wie eine Statue stand ich da, den Finger lang außen am Abzug, mit dem Daumen das Gewehr gespannt. Ich war bereit, als die drei spitz auf mich zu kamen. Auf zehn Meter zogen sie im leichten Troll an mir vorbei. Schuss, repetieren, Schuss – beide Frischlinge lagen im Feuer. Ein leichtes Spiel unter diesen hervorragenden Umständen.

Immer noch fielen Schüsse, und mir war klar, dass mein Hund und ich heute noch Arbeit haben würden. Nach dem Abblasen stapfte ich durch den hohen Schnee zurück zum Sammelplatz. Nach und nach kamen auch die anderen Schützen. Fünf Sauen lagen, und drei Frischlinge waren angeschweißt.

Da sofort nach dem Bergen der Stücke noch ein weiteres Treiben stattfand, vereinbarte ich mit Waltraud, dieses Treiben nicht mehr mitzumachen, sondern mich um die Nachsuchen zu kümmern. Während die andern also loszogen, holte ich meinen Gero. Gemeinsam gingen wir zum ersten, gut gekennzeichneten Anschuss. Viel Schweiß und schwarzer Darminhalt zogen sich deutlich sichtbar durchs Fichten-Altholz in eine nahegelegene Fichtenverjüngung. Nach kurzem Überlegen entschloss ich mich, diesem Frischling noch heute nachzugehen, da für morgen zwei weitere Nachsuchen anstanden. Vermutlich hatte sich die Sau in die Fichtenverjüngung eingeschoben. Obwohl Schweiß und Darminhalt, nach fünfzig Metern sogar ein Stück Darm, gut erkennbar waren, zog Gero erst nach intensiver Untersuchung des Anschusses langsam der Fährte nach. Kurz vor der Fichtenverjüngung wurde er schon unruhig. Für mich hieß das: schnallen! Wie immer nahm ich Gero das Brustgeschirr ab, gab ihm einen Klaps auf sein Hinterteil und ließ ihn gehen.

Sofort heftiger Standlaut, der kurz in Hetzlaut überging, anschließend wieder giftiger Standlaut. Die Bail steht, also anpirschen. Eine Routinesuche, wie wir schon viele hatten. In Gedanken war die Sau schon tot. Fünf Meter vor mir sah ich Gero eine kleine, richtig dicke Fichtengruppe verbellen. Hochkonzentriert, Gewehr im Voranschlag, fertig zum Schuss, kniete ich vor Gero, um in die Verjüngung sehen zu können. Aber der Schnee lag zu dicht auf den Ästen, ich bekam keinen Durchblick. Also verharrte ich fünf Minuten in dieser Stellung – immer meinen Hund vor mir, der giftig die Verjüngung verbellte. Rechts vor mir schien ein besserer Platz, also verlagerte ich meinen Standort um fünf Meter, ging wieder in die Knie und schaute unter die Fichten. Hier konnte ich die Sau sehen. Wie eine Säule stand sie in der Verjüngung. Kurzer Blick nach links, ja, mein Hund war noch an seinem Platz. Rumms, der Schuss brach. Sofort lautes Klagen der Sau, die nach rechts wegsprang. Aber was war das? Ein kurzes Winseln meines Hundes! Ich sprang sofort hin. Er lag auf der Seite und blutete aus dem Fang. Ich nahm meinen Gero in den Arm, wo er nach kurzer Zeit verstarb.

„Gero, was habe ich getan?“ – Wie in Trance kniete ich im Winterwald und hielt meinen toten Gero im Arm. Wie lange ich ihn so hielt, weiß ich nicht. Unter Tränen versuchte ich, ohne ihn loszulassen, eine Verletzung zu erkennen, doch ich fand nichts. Völlig abwesend und ohne mein Umfeld wahrzunehmen trug ich Gero zum Auto. Selbst, als ich ihn im Kofferraum ablegte, fand ich noch immer keine Verletzung. Auf der Fahrt nach Hause waren meine einzigen Gedanken: Wie sollte ich es der Familie beibringen?

Ich stellte das Auto im Garten ab und ging durch den Hintereingang ins Haus. Ohne, dass ich ein Wort sagte, wusste meine Frau sofort, was geschehen war. Zu oft haben wir darüber gesprochen, dass so ein Unglück einmal eintreffen kann. „Oh Gott, sag, dass es nicht wahr ist“, flehte sie und brach derart in Tränen aus, wie ich es noch nie gesehen hatte. Wir standen in der Küche, umarmten uns und weinten wie Kinder. Auf die Frage, wie es passiert sei, konnte ich nur antworten, dass ich es selbst nicht wisse. Und auch heute noch habe ich die Antwort nicht. Meiner Einschätzung nach war mein Hund nämlich niemals im Gefährdungsbereich des Geschosses gewesen. Er war in einem Winkel von fünfundvierzig Grad und fast zehn Meter von der Sau entfernt gestanden. Mehr als hundert solcher Fangschüsse hatte ich meiner Nachsuchenlaufbahn schon angetragen. Es war ein Routinefangschuss gewesen.

Ich wollte Klarheit über den Unfallhergang. Ich untersuchte Geros Körper Zentimeter um Zentimeter. Auf der Unterseite des rechten Vorderlaufes fand ich eine einen Zentimeter lange, wie mit dem Rasiermesser geschnittene Wunde. Sonst nichts. Nur diese kleine winzige Wunde. Sie hatte meinem Hund das Leben gekostet.

Im Schneetreiben standen meine Frau und ich im Garten, und wir beerdigten unseren Gero. Eingehüllt in seine Lieblingsdecke mit seiner Schweißhalsung lag mein Hund in seinem Grab. Meine Karin war nicht mehr zu beruhigen, und je mehr sie weinte, desto größer wurden meine Selbstvorwürfe. Noch am selben Abend nahm ich alle Urkunden und Bilder von der Wand und trug sein Körbchen auf den Dachboden. Alles, was mich in irgendeiner Weise an Gero erinnerte, verräumte ich.

Es war mir klar, dass die kommenden Tage und Wochen schlimm würden. Und sie wurden noch viel schlimmer als erwartet. Dass der Verlust eines Hundes solche Wunden hinterlässt, hätte ich mir nie träumen lassen. In den ersten zwei Wochen ließ ich immer nur meine Frau ans Telefon, um alle abzuwimmeln, die mit mir sprechen wollten. Keine Böswilligkeit, sondern ich konnte einfach mit niemandem darüber reden. Dieser 17. Januar 2010 bleibt mir nach wie vor als Schreckgespenst in Erinnerung. Jeden Tag stehe ich an Geros Grab im Garten und denke an ihn. Vielleicht wäre es leichter gewesen, wäre er durch die Sau ums Leben gekommen. Dass er durch meine eigene Hand gestorben ist, ruft Schuldgefühl hervor. Ich bin für meinen Hund verantwortlich gewesen. Er hat mir immer vertraut, selbst in schwierigsten Situationen. Oft bin ich ihm in Gefahr zu Hilfe gekommen. Doch dieses eine Mal hatte ich ihn im Stich gelassen. Der einzige Trost, der mir blieb, war, dass Gero ein schönes Hundeleben gehabt hat. Er war ein Wolf, der fast jeden Tag jagen durfte, der nicht an einer Kette hing oder in einem Zwinger leben musste. Er durfte mit seinem Familienrudel leben, und er hatte immer seinen besonderen Platz in diesem Rudel.

Ich sprach mit vielen Hundeführern im Klub für Bayerische Gebirgsschweißhunde und im Verein Hirschmann, die auch schon einen oder sogar mehrere Hunde verloren hatten. Immer wieder kamen dieselben Ratschläge: „Leg dir so schnell wie möglich einen neuen Hund zu!" – Vorerst musste aber noch Gras darüber wachsen …

Gero

Erfolg schweißt zusammen: der Autor mit seinem „Gero von Gahrenberg" – ein echtes Nachsuchengespann. Dieses Gespann ging in knapp acht Jahren gemeinsam durch 468 Nachsuchen.

Truppenübungsplatz Hohenfels in der Oberpfalz: Freiflächen mit eingestreuten Weiß- und Schwarzdornhecken unterbrechen immer wieder den Wald – …

… hier fühlt sich vor allem das Rotwild wohl, aber auch die Sauen. Nach der Jagd auf den Brunfthirsch beginnen in Hohenfels die Bewegungsjagden.

Im Zuge der Jagden fällt natürlich auch Arbeit für die Nachsuchengespanne an. Hier untersucht BGS-Rüde Gero einen Anschuss …

… und geht nach genauer Prüfung vom Anschuss weg auf der Wundfährte ab – er schaltet den „Suchenmodus“ ein.

Am Ende der Schweißfährte: Ein in der Brunft auf dem Truppenübungsplatz Hohenfels nachgesuchter junger Hirsch mit abnormem Geweih.

Auch dieser Spießhirsch kam dank des Bayerischen „Gero von Gahrenberg" zur Strecke. Gero endigte durch ein tragisches Unglück bei der Nachsuche.

Orgo

Nach einigem Zögern kam dann doch ein Neuer:
der bildschöne Hannoveraner-Rüde „Orgo Gütefay“.

Nach dem Klub für Bayerische Gebirgsschweißhunde landeten wir nun also beim Verein Hirschmann.

Der Schüler in voller Montur.

Schweißriemen, Schweißhalsung und Warnleibchen sowie …

… GPS-Handy und Halsband.

Simulierter „Anschuss“ für die Arbeit auf der Kunstfährte. Entscheidend ist es hier, die Beschaffenheit des Untergrundes zu variieren. Zum Beispiel …

… kann man den Anschuss auch auf Laubuntergrund oder …

… auf Moos und Nadelstreu legen.

Fährtenschuhe.

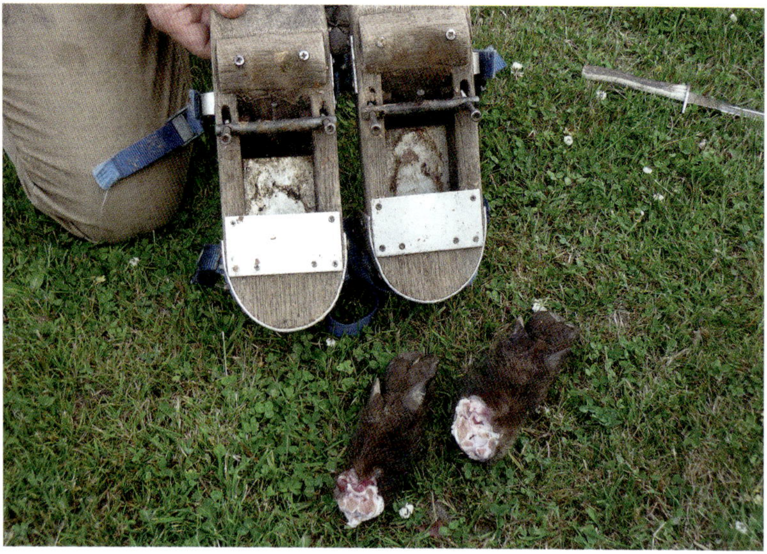

Vor dem Einlegen der Sauläufe – entscheidend ist hier, dass die simulierte Wildart auch in dem Gelände vorkommt, in dem man die Kunstfährte legt.

Wildschweinläufe – fertig in den Fährtenschuh eingelegt.

Nun kann es losgehen!

… und so sehen die Fährtenschuhe dann nach getaner Arbeit aus.

Mit dem Fährtenschuh getretenes Fährtensiegel in feuchtem Boden…

… und eine in den Sand getretene Fährte.

Durch Anbringen von Markierungsbändern ist auch am Tag nach dem Legen noch der Verlauf der Kunstfährte leicht wiederzuerkennen.

Auf dem Boden angebrachte Markierungen ermöglichen das schnelle Wiederfinden von Verweiserpunkten.

Orgo nimmt die Kunstfährte auf …

… und folgt ihr durch die Rückegasse.

Die Suche geht weiter …

… und hier zeigt Orgo dem Nachsuchenführer durch Zurückschauen an, dass er etwas gefunden hat – er verweist.

Die Ausrüstung des Nachsuchenführers: K 98er mit Rucksackriemen, Patronen im Kaliber 9,3 x 62 und zwei Abfangmesser.

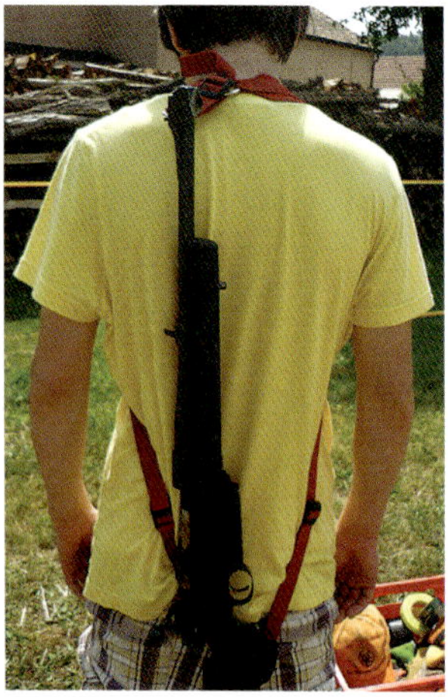

So sieht die Trageweise des Nachsuchengewehres mit dem Rucksackriemen aus.

Nicht vergessen: das Abkleben der Mündung.

Die Warnfarben der Kleidung dienen der eigenen Sicherheit.

Beim Einschlupfen ins Dunkle auf einer scharfen Nachsuche: Hier geht's ans Eingemachte!

Orgos Lehrzeit ist zu Ende: Die Vorprüfung ist als Suchensieger absolviert. Eine Abwurfstange zeugt von der erfolgreichen Ablegung der Prüfung.

Warten auf den Einsatz: Jetzt geht das Nachsuchenleben erst so richtig los!

Ein neuer Anfang

Es ist schon wieder Mai – wie schnell doch die Zeit vergeht! Der Winter ist längst vergessen, und der Weidmann sitzt seit einigen Tagen wieder im Revier und wartet auf seinen Lebensbock.

Die Sonne tut nach so einem langen, kalten Winter richtig gut. Ich bin froh, dass sich meine Gedanken nicht mehr mit den Nachsuchen beschäftigen müssen. Nach dem Verlust von Gero habe ich, zusammen mit der Familie, wieder den inneren Frieden gefunden. Ab und zu denke ich schon noch an meinen Gero, vor allem, wenn ich im Garten an der Pferdekoppel etwas repariere. Hier, zwischen Koppel und Maschinenhalle, war sein Lieblingsplatz gewesen, an dem er oft stundenlang im Gras lag und faulenzte. Hier haben wir ihn vor vier Monaten begraben. Ein befreundeter Steinmetz hat mir eine Steinplatte mit der Aufschrift „Gero von Gahrenberg, 17. 01. 2010" angefertigt. Oft setze ich mich an sein Grab, rauche eine Zigarette und spreche mit ihm, als säße er neben mir.

Meinen wiedererlangten Frieden verdanke ich vor allem dem großen Verständnis und der Rücksicht meiner Gattin. Wohl dem, der in schwierigen Zeiten jemanden an seiner Seite hat! Nach unzähligen Abenden des Redens und Überlegens hatte ich mich irgendwann im April entschlossen, mit der „Schweißhunderei" aufzuhören. Ich hatte Angst, dass mich mit einem neuen Hund ein ähnliches Schicksal treffen könnte wie mit Gero.

Ich ging meiner Arbeit nach, beschickte auch meine Kirrungen im Revier, war aber seit dem Unglückstag im

Januar nicht mehr auf der Jagd gewesen. Irgendetwas war anders, wenn ich nun durch den Wald ging. Immer wieder geschah es, selbst nach vier Monaten noch, dass ich mich umdrehte, um nach Gero zu schauen. Oft kam ich traurig nach Hause. Irgendetwas fehlt einem im Leben, wenn man tagtäglich den Hund an seiner Seite gewöhnt ist.

Wie gesagt, es war Mitte Mai, und ich hatte mir fest vorgenommen, am Abend auf die Jagd zu gehen. Als ich mich kurz nach sieben Uhr von meiner Frau verabschiedete, klingelte das Telefon. Es war Winfried W., Zuchtwart vom Verein Hirschmann. Was jetzt kam, war von einer höheren Macht gelenkt, die mit meiner Entscheidung, keinen Hund mehr zu nehmen, wohl nicht einverstanden war.

Winfried teilte mir mit, dass ein ungarischer Züchter einen Welpen zum Besitzer des Deckrüden nach Frankreich hatte bringen wollen, dieser ihn aber nicht angenommen habe, da der Welpe nur einen Hoden besaß. Also war der Züchter wieder unverrichteter Dinge Richtung Heimat gefahren und machte heute Zwischenstation bei Bekannten in München. „Willst du den Welpen?“, fragte er mich.

Überrascht und erstaunt erbat ich mir zehn Minuten Bedenkzeit und berief sofort den Familienrat zu einer außerordentlichen Sitzung ein: keine Gegenstimme. Mit einem breiten Grinsen im Gesicht machte ich die telefonische Zusage. Als Winfried die Antwort hörte, begann er laut zu lachen. Dann gab er mir die Telefonnummer von Andras, dem Hundezüchter. Dieser wusste schon Bescheid und war mit der Überlassung des Welpen sofort einverstanden. Die Schweißhundeleute wählen nämlich die Menschen, denen sie ihre Welpen überlassen, mit großer Sorgfalt aus. Die Nachfrage ist enorm und das Angebot niedrig: So werden etwa in Deutschland jährlich nur zwischen dreißig und vierzig Hannoveraner-Welpen geboren.

Waltraud, eine langjährige Jagdfreundin, fuhr mit mir am nächsten Tag nach München. Als wir dort eintrafen, war Andras aus dringendem Anlass schon wieder nach Ungarn aufgebrochen. Den Welpen hatte er bei einem befreundeten Ehepaar gelassen, wo man uns schon erwartete. Es ist ja jedes kleine Tier irgendwie süß, aber dieser kleine Hannoveraner mit seinen überlangen Ohren, etwas zu viel Fell, in das er erst reinwachsen musste, seinem schwarzen Gesicht, das mich prüfend anstarrte, war ein Bild, das ich bis heute nicht vergessen habe. Die Frau setzte ihn mir auf den Arm, und er kuschelte sich ganz fest an mich. Ich hatte wieder einen Schweißhund!

Ich war also wieder Schweißhundeführer, vorerst zwar nur Ausbildner, aber immerhin: Ich hatte wieder eine Aufgabe, eine Aufgabe, die mir liegt und die mir gegeben ist. Ich sehe mich nicht als den großen Hundeflüsterer, der den Menschen erklärt, wie sie ihren Hund erziehen müssen. Ich bin – auch wenn es sich für einige, die mich kennen, etwas hochtrabend anhören mag – Rudelführer. Wer mich kennt und das Glück gehabt hat, meinen Gero bei der Arbeit zu erleben, der weiß, wovon ich spreche. Bald waren wir wieder auf dem Weg nach Hause, und ich freute mich, der Familie unser neues Mitglied vorzustellen. Natürlich kam der Kleine sofort bei den Kindern an. Besonders schön aber war es, dass meine Karin ihn sofort ins Herz schloss.

In den nächsten Tagen bekam ich den Neuzugang nicht viel zu Gesicht, da die Familie ihn mit Beschlag belegte. Nach zwei Wochen musste ich schließlich ein Machtwort sprechen und klarstellen, dass er kein Schoß- sondern ein

Schweißhund werden solle und dass seine Arbeitsstätte der Wald sein würde.

Der Name eines neuen Familienmitgliedes ist immer ein großes Thema. Ich hätte ihn wieder „Gero“ genannt. Aber nach mir ging es nicht. Schließlich einigten wir uns auf den Namen, der in der Ahnentafel steht: „Orgo“. – Für mich war das ein guter Kompromiss, denn es klang sehr ähnlich wie „Gero“.

Ausbildung oder: Es wird ernst ...

Nach Wochen der Verhätschelung konnte ich endlich mit der Arbeit mit Orgo beginnen. Es war höchste Zeit, denn mittlerweile war er dreizehn Wochen alt und noch nicht einmal mit mir im Wald gewesen. Behutsam zeigte ich ihm die neue Umgebung und unternahm lange Spaziergänge, manchmal bei herrlichem Sonnenschein, aber auch bei Platzregen und Gewitter. Ich lehrte ihn, über Gräben zu springen, durch Wasser zu laufen und setzte ihn immer wieder sanft im kniehohen Wasser ab, sodass er zurückschwimmen musste. Ich brachte ihm bei, dass er mir in der Wiese eine Hasensasse zeigte. Ich nötigte ihn dazu, seine Nase zu gebrauchen, indem ich mich im Wald versteckte, wenn er sich bei unseren Ausflügen zu weit von mir entfernte. Wir unternahmen Nachtspaziergänge im Wald und in der Flur. Ich fuhr mit ihm in der U-Bahn, obwohl ich dafür sechzig Kilometer nach Nürnberg fahren musste. Wir setzten uns in die Fußgängerzone und aßen Eis beim Italiener. Ich nahm ihn mit zu meinem Bauern in den Kuh- und Schweinestall. Aber ich ließ ihm auch Zeit für sich alleine, damit er unseren Garten erkunden konnte. Immer wieder ging ich mit Orgo die Grenze unseres Gartens ab und packte ihn am Genick, wenn er die Grenze überschritt. Konsequenz ohne Kompromiss ist in der Ausbildungszeit ein unbedingtes Muss. Auch wenn es ein Außenstehender anders sehen mag und einen als Unmenschen abtut, ist es für die Ausbildung und für das ganze Hundeleben äußerst wichtig, dass man sich hier durchsetzt.

„Konsequenz ohne Kompromiss" bedeutet aber nicht Gewalt! Niemals darf man einem Tier, mit dem man in gegenseitigem Vertrauen arbeiten will, Gewalt antun. Stachelhalsband, Oberländer-Methoden, Teletakt, Anti-Bell-Halsung – mit solchen Dingen habe ich nichts am Hut. Oft sieht man bei Vorbereitungsabenden und Brauchbarkeitsprüfungen Hundeführer, die ihren Hund an der Halsung packen und diese zudrehen, bis er fast keine Luft mehr bekommt, oder ihn zu Boden drücken, als ob sie ihn erwürgen wollten. Und das Ganze, um dem Hund dieses völlig sinn- und nutzlose „Down" beizubringen, mit der einzigen Begründung, es sei für die Sicherheit des Hundes, damit man ihn bei einer Hatz kurz vor der Straße noch bremsen könne. Diese alten und brutalen Erziehungsmethoden sind leider noch immer in etlichen Hundeverbänden gang und gäbe, geduldet oder gar unterstützt von manchen Landesjagdverbänden. Einen Hund, der auf der Hetze ist, kann ich nicht zurückrufen, da er ein Jäger ist und Beute machen will. Wer seinen Hund in Straßennähe schnallt, der weiß, womit er rechnen muss und muss die Risken vorher abwägen. Jeder Hundeführer trägt hier für sich alleine die Verantwortung.

Vertrauen, Zuneigung, ruhiges Reden, Liebesentzug und lautes Schimpfen sind meine Ausbildungshilfen. Wer es versteht, diese Dinge richtig einzusetzen, der kann einem Hund alles beibringen. Vor allem: Der Hund akzeptiert einen als Rudelführer. Selbst die sogenannten Kopfhunde sind danach lammfromm. Diese Art der Ausbildung dauert lange, sehr lange – aber: Wir haben doch Zeit!

Die Zielsetzung der einzelnen Ausbildungsabschnitte ist vor Beginn der Ausbildung festzulegen. Das ist ein wichtiger Bestandteil, um den Hund nicht zu überfordern. Unser Hund bringt schon achtzig Prozent mit, es ist ihm angewölft. Die restlichen zwanzig Prozent sind nur noch Feinheiten, die ich ihm beibringen muss, quasi das Aufeinander-Abstimmen. Gleich welcher Hund, gleich was ich ihm beibringen will: Mit Geduld, Geduld, Verständnis, Liebe zum Geschöpf und noch einmal Geduld kann ich alles erreichen. Wenn man diese elementaren Grundsätze versteht und anwendet, wird man nach kurzer Zeit die volle Aufmerksamkeit des Hundes haben, und es wird sich eine Symbiose zwischen Herr und Hund aufbauen, die für den Außenstehenden unerklärlich bleibt.

Worauf ich bei meinen Schweißhunden nie Wert gelegt habe, war der Gehorsam. Wer es versteht, seinen Hund nach den vorhin angeführten Grundsätzen auszubilden, braucht die Übungen für bedingungslosen Gehorsam nicht zu machen. Sie werden sehen, dass Ihr Hund es allein schon durch die viele Zeit, die Sie mit ihm verbracht haben, gelernt hat.

Nutzen Sie auch die Gunst des Lebensalters. Was Sie dem Hund im ersten Lebensjahr spielerisch beibringen können, ist gigantisch! Und er lernt das alles nebenbei.

Die „spezielle Grundausbildung", wie ich sie nenne, ist dann hochgradig zeitintensiv. Bei unseren täglichen Spaziergängen im Wald etwa erkannte ich seine wachsende Neugier an Fährten, Wildwechseln, Suhlen, Malbäumen. Wann immer er mir eines dieser Dinge verwies, lobte ich ihn ausgiebig. So lernte er automatisch und spielerisch, mir später auf der Fährte Pirschzeichen zu zeigen. Ich nutzte diese Neugier, indem ich am Vortag unseren morgigen Weg mit Pirschzeichen präparierte. Einmal waren es Sauborsten, dann die Schale einer Sau, Schwartenfetzen oder Schweiß. Aber es konnten auch die Socken meines Sohnes oder eines meiner T-Shirts sein. Der Phantasie sind hier keine Grenzen gesetzt. Wichtig ist nur die Abwechslung. – Es ist toll zu erleben, wenn es einen jungen Hund beim Spaziergang plötzlich reißt, weil er einen Schwartenfetzen oder eine Socke in den Heidelbeeren erschnüffelt hat.

Natürlich muss ich wissen, *wie* mein Hund verweist. Nicht alle Hunde machen es auf dieselbe Art und Weise. Gero hatte die Angewohnheit, sich einfach hinzusetzen. Mein jetziger noch kleiner, aber doch schon eifriger Verweiser drehte sich nur kurz zu mir und blieb stehen. Da muss ich dann als Hundeführer reagieren und ihn ausführlich loben und abliebeln. – Gerade auf einer Nachsuche ist es für den Hundeführer äußerst wichtig, dass der Schweißhund Pirschzeichen aller Art verweist: wenn der für das menschliche Auge erkennbare Schweiß aufhört und der Hund Verborgenes „sichtbar" macht, wodurch man weiß, dass man noch auf der richtigen Fährte ist.

Langsam erhöhte ich die Intensität der Ausbildung und begann ab der 25. Lebenswoche mit der „Schweißausbildung". Der Ausdruck ist im Grunde genommen falsch, denn eine Schweißhundeausbildung hat nichts mit Schweiß zu tun. Der Hund muss die große Kunst des Sortierens erlernen, damit er später unter achtzehn Schweinen die eine am Geruch herausfiltern kann, die angeschossen worden ist. Diesen einen individuellen Duft herauszufiltern, das muss der Hund lernen! Nichts darf ihn von dieser Fährte abbringen – weder die widrigsten Witterungseinflüsse noch die verlockendsten Verleitungen. Am Ende dieser Ausbildung wird er, wie von einer fremden Macht gesteuert, über viele Kilometer jede Hausfrau, die den Schweißriemen in den Händen hält, zum Stück führen. Diese „theoretische“ Ausbildung dauert – je nach Aufnahmebereitschaft und Lernwilligkeit des Hundes – zwischen zweieinhalb und drei Jahren. Ja, Sie haben richtig gehört, drei Jahre jeden Tag arbeiten! Und danach wird es von der Zeit her nicht besser. So versuche ich etwa, meinem Hund zwischen 120 und 150 Nachsuchen im Jahr zu ermöglichen, was sich nach viel anhört – es ist aber das absolute Minimum! Damit wird auch klar, dass Schweißhundeführer nur sein kann, wer sich seine Zeit frei einteilen kann. Einen Schweißhund nur im Wochenendjob auszubilden und zu führen, ist unmöglich. Es wird immer nur ein Herumwursteln auf der Fährte sein, ein Nachsuchengespann kann sich so nicht herausbilden.

Wir sind auf die Nasenleistung des Hundes angewiesen, und daher nutzte ich jede Gelegenheit, bei der mein Hund seine Nase gebrauchen musste. Unser Orgo hat zu unserem jüngsten Sohn eine besonders innige Beziehung. Und so ergab sich irgendwann das Spiel, dass sich Julian im Wald versteckte und ich ihn mit Orgo suchte, selbstverständlich mit voller Ausrüstung, also mit Schweißriemen, Warnhalsung und GPS. Orgo war innerhalb kürzester Zeit so perfekt, dass wir Strecke und Stehzeit immer weiter verlängern mussten. Am Ende der Spur wartete natürlich irgendwann nicht mehr Julian, sondern nur noch seine Jacke, denn die Stehzeit war mittlerweile auf sieben Stunden angewachsen, und die Länge der Spur stand inzwischen bei einem Kilometer mit drei rechtwinkligen Haken. So hatte mein Hund mit seinen sechs Monaten spielerisch das Prinzip der Nachsuche gelernt und war fast in der Lage, die Bedingungen einer Vorprüfung zu erfüllen. Und es ist völlig gleichgültig, ob ein Schweißhund ein Schwein, einen Hirsch oder einen Menschen sucht. Wichtig ist, dass er in der Lage ist, einer Individualwitterung zu folgen.

Die herausragenden Leistungen bestätigten meine Vermutung, dass Orgo das Angewölfte in außergewöhnlichem Maße abrufen konnte, und ich wusste: Ich hielt einen Rohdiamanten in Händen, den ich nur mehr schleifen musste. Bis jetzt hatten wir uns allerdings ausschließlich spielerisch auf unsere zukünftige Aufgabe vorbereitet.

Langsam wurde es Zeit für die erste Fährte. Jede mit dem Fährtenschuh gelegte Fährte sollte grundsätzlich mit frischen Schalen getreten werden, die vom selben Stück stammen. Bei einer Saufährte sollte der getretene Weg dem der „echten" Wildschweine entsprechen. Ich ging von Anfang an durch Brombeeren, in Dickungen oder kletterte über Zäune. Ich legte nicht immer selbst die Fährte, sondern spannte auch hin und wieder meine Familienmitglieder ein. Denn später, bei einer echten Nachsuche, wird auch nicht immer nur ein Achtzig-Kilogramm-Keiler nachgesucht. Die künstliche Fährte sollte nicht zu weit gehen, darf aber auf keinen Fall zu einfach sein. Ich weiß, dass ich mit dieser Aussage allem, was bisher geschrieben und gelehrt wurde, widerspreche. Doch mein Erfolg gibt mir recht. Auf der scharfen Nachsuche kann eine Fährte leicht sein. Bei einer künstlichen Fährte hingegen wird der Lernerfolg umso größer sein, je schwieriger und abwechslungsreicher sie ist. Und solange ich mit meinem Hund gemeinsam diese Fährte ausarbeite, kann ich ihn nicht überfordern. Wir haben keine Vorstellung, zu welchen Leistungen ein Hund imstande ist. Alle Eindrücke, die ich ihm auf der

Kunstfährte vermitteln kann, werden ihn später bei der echten Nachsuche nicht mehr überraschen.

Eine künstliche Fährte muss ich planen, das heißt: Ich muss mir vorher Gedanken machen, wo ich die Fährte lege – im Feld oder im Wald oder beides? Welchen Untergrund will ich dem Hund bieten: Ist es Laub, Nadelstreu, Moos, Wasser? Darüber hinaus spielen natürlich Wetter, Jahreszeit und Stehzeit eine erhebliche Rolle. Die verschiedensten Bodenarten sind für die Konzentration des Hundes besonders wichtig. Sie werden sehen, wie schwer er sich am Anfang tut, wenn sich der Untergrund der Fährte ändert. Und natürlich sollen, wenn ich für die Fährte Sauschalen verwende, auch Sauen dort vorkommen, wo ich die Fährte lege. Als junger Ausbildner habe ich einmal den Fehler gemacht, Gero eine Rotwildfährte in einem Gebiet zu legen, in dem kein Rotwild vorkam. Ich wunderte mich, wie problemlos und schnell er die schwierig getretene Fährte ausarbeitete. Bald war mir klar: Ich hatte ihn sinnlos unterfordert, denn es gab keinerlei Verleitungen zu bewältigen.

Wichtig ist auch die Reinigung der Fährtenschuhe nach jeder gelegten Fährte, da der Hund sonst beim nächsten Mal nicht mehr der Witterung der Schalen, sondern dem Geruch der Fährtenschuhe folgt. Aus diesem Grund halte ich auch nichts von den immer wieder angepriesenen Futterschleppen beim Junghund. Diese „Stink-Schleppen" werden oft mit Teilen des Aufbruches gelegt, was für den Hund keine Schwierigkeit bedeutet. Um Abwechslung in die Ausbildung zu bringen, kann man ab und zu statt einer getretenen Fährte eine Schleppe mit einem Lauf oder einem Teller von einer Sau machen. Größer sollten die Teile jedoch auf keinen Fall sein. Es gibt Hundeführer – man glaubt es kaum –, die schleifen eine ganze Sauschwarte durch den Wald. Sie müssen Ihrem Hund aber schon etwas zutrauen und dürfen ihn keinesfalls unterfordern!

Zwar rede ich hier immer nur von Schweißhunden, bin aber überzeugt, dass ich mit denselben Grundsätzen auch jeden anderen Hund zum Schweißhund machen kann. Ich führe Schweißhunde und bilde sie aus, einfach weil mir ihr Erscheinungsbild gefällt und man mit großer Wahrscheinlichkeit davon ausgehen kann, dass diese Rassen eine angewölfte Ruhe und Ausgeglichenheit besitzen.

Selbstverständlich muss ein Hund gewisse Voraussetzungen mitbringen. Fehlen diese, ist jede Mühe vergebens. Dazu gehört natürlich auch eine kontrollierte Zucht, damit gewisse Erbanlagen weitergegeben werden. Als warnende Gegenbeispiele sollten uns Modehunderassen dienen, wie etwa die Golden Retriever. Eine so alte und robuste Jagdhunderasse – Spezialisten der Wasserarbeit – ist durch Überzüchtung verkümmert. Andererseits muss ein Hund aber auch nicht unbedingt ein Schweißhund sein, um gute Nachsuchenarbeit zu leisten. Es gibt durchaus Rassen oder auch Einzelhunde, die hervorragend auf der Nachsuche sind. Vom elitären Gehabe mancher Vereinsmeier, die meinen, dass schwierige Nachsuchen nur von Schweißhunden durchgeführt werden könnten, halte ich gar nichts. Dieser Meinung haben sich übrigens auch Funktionäre der Landesjagdverbände angeschlossen und haben den Schweißhundeführer umbenannt auf „Nachsuchenführer“.

Wichtig beim Fährtenlegen ist, dass man am nächsten Tag den Fährtenverlauf noch weiß, damit man den jungen Hund am Riemen auch kennenlernen kann. Gerade am Anfang sollte man großen Wert auf die Fährtentreue legen.

Dadurch lernt der Hund, dass er nur dieser einen Fährte folgen soll. Beim Verlassen dieser Fährte ist sofort mit einem scharfen „Such verwundt!“ einzugreifen. Der junge Hund muss immer den Eindruck haben, dass der Ausbildner alles sieht und ihm in jeder Hinsicht überlegen ist. Um eine Übungsfährte zu markieren, benütze ich Bänder, wie sie Forstbeamte zum Markieren von Bäumen und Rückegassen verwenden. Sie sind aus Papier und verrotten von selbst. Dennoch ist es nicht ratsam, sie an den Bäumen zu belassen: zuviel Papier in der Natur, bei zwei Fährten pro Woche, und das über drei Jahre.

Allein schon das wechselseitige Kennenlernen ist eine Geschichte für sich! Diesen Prozess muss man gemeinsam durchlaufen und durchleben, gegenseitig Vertrauen aufbauend. Ob Mensch oder Hund, jeder muss wissen, wie der andere tickt. Jede Veränderung des Verhaltens des Hundes bei der Nachsuche muss ich zu deuten wissen! Im Laufe des täglichen Miteinander geschieht das wechselseitige Kennenlernen fast unmerklich von selbst. Und ohne Kennen gibt es kein Vertrauen. Entscheidend ist auch das Ausstrahlen von Ruhe und Souveränität seitens des Hundeführers. Ein nervöser oder gar wütender Nachsuchenführer wird seinen Hund so verunsichern, dass dieser die Fährte nicht auflösen kann.

Um einen Anschuss zu untersuchen oder einen Widergang zu entwirren, braucht der Hund oft mehr als eine halbe Stunde. Wer hier nicht Gottvertrauen und Ruhe hat, ist fehl am Platz. Auch beim Menschen gibt es unterschiedliche Typen: den Ruhigen und den Impulsiven. Ich gehöre zum zweiten Typ, und ja, ich habe lernen müssen, mich zu zügeln und meine Gefühle unter Kontrolle zu bringen. Dabei hatte ich aber einen guten Lehrer, und das war mein alter Gero. Er lehrte mich, ihm Zeit zu geben, er lehrte mich, in ihn Vertrauen zu haben – er war der ruhende Pol, er war mein Gefährte. Zwei Jahre nach dem Unglück kommen mir immer noch die Tränen, wenn ich von ihm erzähle. Doch zurück zur Fährte, zur Ausbildung unseres jungen Hundes.

Ein befreundeter Nachsuchenführer bat mich einmal, eine Fährte für seinen Deutschen Wachtelhund zu legen, um zu überprüfen, ob die Anlagen seines Hundes wirklich so gut waren, wie er dachte. Er erzählte mir von einer von seinem erst sechs Monate alten Hund perfekt ausgearbeiteten künstlichen Sauenfährte, mitten im Haupteinstandsgebiet, tausend Meter ohne Schweiß, mit zwei rechtwinkeligen Haken und nach über vierundzwanzig Stunden. Ich legte eine nicht allzu schwere Fährte, und der Hund versagte auf allen Linien. Wie konnte es so etwas geben? Die Erklärung war einfach: Der gute Mann hatte den Fehler begangen, dass er feste Nachsuchenwege im Wald installiert hatte. Solche Wege prägt sich der Hund gut ein, nachdem er sie ein paar Mal gegangen ist. Wir machten also die Gegenprobe und setzten den Hund an der Stelle an, an der er immer angesetzt wurde – ohne ausgelegte Fährte. Der Hund nahm exakt den Weg, den er immer lief. Also, bitte unbedingt beachten: nie feste Fährtenwege, sondern immer neue Wege gehen!

Am „Anschuss“, und wirklich erst hier, ziehe ich die Fährtenschuhe an. Diesen Anschuss präpariere ich mit ein paar Borsten von den Schalen, bevor ich losmarschiere. Entsprechend dem Alter des Hundes kommt es entweder noch am selben Tage oder erst am nächsten zur Übungssuche. Ich bilde meinen Hund immer praxisnah aus. Daher lege ich ihn nicht vorher ab, um alleine den Anschuss zu kontrollieren. In fast jedem einschlägigen Buch wird beschrieben, dass der Schweißhund zunächst – die Windrichtung beachtend – abgelegt und alleine zum Anschuss gegangen wird. Dem pflichte ich nicht bei! Sehr oft weiß ich nicht einmal, wo sich der Anschuss genau befindet. Und außerdem habe ich in meinen Hund viel Kraft und Mühe gesteckt, damit er lernt, Pirschzeichen zu finden. Warum also sollte ich die Arbeit für meinen Hund tun? Mit dem Kommando „Such vorhin verwundt!" lernt der junge Hund, den Anschuss zu untersuchen und alles von Belang anzuzeigen. Warum also sollte ich als Nachsuchenführer den Anschuss zertrampeln? Das haben sowieso schon der Schütze und seine Begleiter erledigt, lange bevor sie mich gerufen haben.

Mit großer Wahrscheinlichkeit war auch schon der eine oder andere Hund auf der Fährte, selbst wenn der Schütze das nicht gerne zugibt. Das alles spielt aber für einen gut ausgebildeten Nachsuchenhund keine Rolle, solange keine läufige Hündin auf der Fährte war. Und Sie werden sehen, wie toll und freudig Ihr Hund Ihnen einen Anschuss mit all seinen vielen Zeichen zeigt. Wie er jedes Haar, jeden Schweißspritzer, Darminhalt, Knochensplitter, Wildbret buchstabiert und Ihnen verweist, wenn Sie gelernt haben, Ihren Hund zu lesen. Mit ruhiger und entspannter Stimme, laut flüsternd, spreche ich mit meinem Gefährten, während er den Anschuss untersucht. Und man muss daran denken, dass ein Anschuss auch einen Durchmesser von hundert Metern haben kann. „Such vorhin verwundt! Ganz prima, such, mein Dicker, such schön weiter und zeig mir!" – So oder ähnlich hört sich das an. Damit will ich meinem Hund zeigen, dass ich völlig entspannt bin und dass er nicht allein ist. Mit diesem wichtigen Ritual verschmelzen Sie später zu einem echten Gespann und werden Gefährten.

Durch Ihr Verhalten am Anschuss wird der Grundstein für das Gelingen der Nachsuche gelegt. Ihr Hund merkt sofort, wie Sie drauf sind. Sie haben alle Zeit der Welt. Es spielt gar keine Rolle, ob man zehn Minuten früher oder später zum Stück kommt. Wichtig ist nur, dass Sie ankommen, denn diesen Job macht man nicht aus Zeitvertreib, sondern im Auftrag des Tierschutzes. Ihre Aufgabe ist es, das verletzte Tier vom Leid zu erlösen. Diese Aufgabe ist wichtig und edel. Und Sie werden Dinge erleben, bei denen Ihnen Hören und Sehen vergeht. Bei der Untersuchung des Anschusses wird sich Ihr Hund mit Ihnen in Verbindung setzen. Sie müssen lernen, ihn zu verstehen. Ganz gleich, ob es nur ein intensives Wittern an einer bestimmten Stelle ist oder ein Sich-nach-Ihnen-Umdrehen – alles hat eine Bedeutung! Lassen Sie Ihrem Hund den Raum, den er braucht. Halten Sie den Schweißriemen nicht fest. In der Phase des Sortierens können Sie den Hund nur unterstützen, indem Sie schauen, dass sich der Schweißriemen nicht verheddert. Er wird anfangen, Kreise zu ziehen, erst klein, dann immer größer. Beobachten Sie Ihren Hund, und Sie werden merken, wenn er die Fährte sicher aufgenommen hat. Dann wird er den Kreis verlassen und der Fährte folgen. Jetzt nehmen Sie den Schweißriemen auf und geben Ihrem Hund das Kommando „Verwundt!“ – Das Wichtigste haben Sie nun hinter sich. Mein Orgo war am Anfang derart langsam, dass wir nur in Zeitlupe vorwärts kamen. Er zeigte mir jede Kleinigkeit. Alles, was ihm so in die Nase kam, untersuchte er sorgfältig. Mit einem Jahr benötigte er für eine Fährte von tausend Metern eineinhalb Stunden. Aber ich wusste: Wenn ich ihm Zeit ließ, würde er sich entwickeln.

Verlassen wir für einen Augenblick das Thema „Fährte" und widmen uns wieder meinem Orgo. Mittlerweile war er sieben Monate alt und machte uns große Freude. Seine Ruhe und Ausgeglichenheit waren phänomenal, aber für einen Hannoveraner durchaus normal. Eines Tages, als ich gerade in meiner Werkstatt war, klingelte das Telefon. Die Nachbarin lamentierte, dass mein Hund ihre Hühner umbringe. Ich ging hinüber, und mich erwartete ein Bild des Schreckens: Der Nachbar, ein siebzig Jahre alter Herr, stand mit einem großen Holzstecken bewaffnet inmitten Bergen von Hühnerfedern. In einer Ecke saß Orgo, Federn im Fang.

Am liebsten hätte ich laut losgelacht, ließ es aber im Sinne einer auch in Zukunft guten Nachbarschaft bleiben. Mit Unschuldsmiene saß er da und wedelte im Sitzen mit dem Schwanz, als er mich sah. Ich hätte ihn umarmen können, ging aber stattdessen auf ihn zu, packte ihn am Genick und schickte ihn nach Hause. Meinen Nachbarn konnte ich damit besänftigen, dass ich sofort versicherte, für den Schaden aufzukommen, wobei es sich bei den Opfern natürlich, wie in solchen Fällen immer, um die besten Legehühner handelte. Der einzige Überlebende war der Hahn, der in ein angrenzendes Grundstück hatte flüchten können.

Für Wochen war der Hühnermord das Dorfgespräch. Meine Frau forderte eine strenge Strafe für Orgo, was ich jedoch ablehnte, da der Hund nur seinem Instinkt gefolgt war. Und eine Bestrafung im Nachhinein hätte der Hund sowieso nicht nachvollziehen können, da ihm der Zusammenhang nicht klargewesen wäre. Ein Hund ist als Jäger geboren, und nichts anderes hatte Orgo bei dem Hühnermord gezeigt, über den ich nicht unglücklich war, denn: Ein Nachsuchenhund muss Wildschärfe mitbringen, und die kann man keinem Hund beibringen. Orgo hatte bewiesen, dass er diese besaß.

Eines Januarmorgens rief mich ein Pirschbezirkinhaber an: Er habe ein Kitz beschossen, aber nicht gefunden. Mein Hund war gerade zehn Monate alt und stand mitten in der theoretischen Ausbildung. Er hatte bislang noch keine Erfahrung mit Rehwild, geschweige denn mit scharfen Nachsuchen. Ich weiß nicht mehr, wie es mir geschah, aber ich sagte zu. Wir verabredeten uns am Gunzenbrunnen. Meiner Frau sagte ich nichts, denn dann wäre die Sache auch schon wieder beendet gewesen.

Vom Treffpunkt bis zum Anschuss waren es nur wenige Minuten mit dem Auto. Die Einweisung war kurz und knapp. Und es war genau, wie ich schon vermutet hatte: Der Schütze hatte einen Kopfschuss anbringen wollen, der aber nicht gelungen war. Am Anschuss auf der Waldwiese an einem Apfeltresterhaufen konnte man viel Schweiß erkennen. Obwohl wir noch nie mit Schweiß gearbeitet hatten, benahm sich Orgo wie ein alter Hase. Intensiv und ausdauernd untersuchte er den Anschuss. Nach kurzer Zeit beendete er das Kreisen und begann die Fährte aufzunehmen. Ich nahm mir vor, ihn einfach machen zu lassen. Es war ja auch nicht so schwer, ihn ziehen zu lassen, da viel Schweiß im Schnee war und ich sah, dass er richtig lag. Wir verließen die Waldwiese, und es ging hinein in eine Fichtenverjüngung. Ich fühlte mich gleich wieder heimisch. Der Schnee fiel mir in den Nacken, und als wir am anderen Ende der Verjüngung herauskamen, sah ich aus wie ein Schneemann. Ja, es gefiel mir, wieder Nachsuchenführer zu sein!

Mein Hund lag gut im Riemen, und ich hatte den Eindruck, dass er mit der Fährte kein Problem hatte. Nach fünfhundert Metern kamen wir im Buchen-Altholz am ersten Wundbett an. Mein kleiner Verweiser zeigte mir diese Stelle, indem er sich zu mir umdrehte. Ich hangelte mich am Schweißriemen entlang zu ihm vor und liebelte ihn ausgiebig ab. Das Kitz war hier schon gestern Abend ins Bett gegangen, der Schweiß schon etwas blass, und es lag Schnee darin, der von den Bäumen gefallen war. Im Fachjargon heißt das: ein „kaltes“ Wundbett.

Jetzt aber fing es an, schwierig zu werden. Das Kitz war lange genug im Wundbett gesessen, um sich auszuschweißen. Nach dem Hochwerden schweißte es fast nicht mehr. Oft werden Rehe aus dem Wundbett hoch, weil Fuchs oder Sau auf ihrer Fährte sind. Immer wieder musste mein Hund zurück zum Wundbett, um sich Witterung zu holen, bis er, wie durch eine fremde Macht gesteuert, einer Fährte folgte. Ich hatte keine Ahnung, ob wir richtig waren, denn wir hatten keinen Schweiß mehr. Vielen Verleitungen musste er standhalten, da viele Sauen die Fährte gekreuzt hatten. Nach eineinhalb Kilometern blieb er stehen, drehte sich um und zeigte mir das zweite Wundbett – wie ein Alter. Wieder war es kalt, aber es war eindeutig unser Stück. Das Kitz war mit dem Haupt auf der Seite im Schnee gelegen. Deutlich erkannte ich den wenigen Schweiß. Ich weiß nicht, ob ich ihn ohne Schnee gesehen hätte, und ob ich dann meinem Hund weiter vertraut hätte. Richtig stolz war ich auf Orgo, und ich merkte ihm auch an, wie viel Freude er an dieser Fährte hatte.

Weiter ging es, bergauf durch das Buchen-Altholz. Plötzlich, keine zwei Meter vor uns, wurde das Kitz in einem Graben hoch. Reflexartig, wie ich es so viele Male schon gemacht habe, sprang ich zu meinem Hund, zog ihm das Brustgeschirr über den Kopf, gab ihm einen Klaps auf den Hintern und schrie „Fass!" Mit giftig hellem Laut ging mein Hund ab, als ob er noch nie etwas anderes gemacht hätte. Erst jetzt, als sich der Hatzlaut entfernte, wurde mir klar, dass ich einen völlig unerfahrenen Hund zur Hatz geschnallt hatte. Ich lauschte in den Winterwald. Ich war aufgeregt, mein Atem ging stoßweise, und es war so kalt, dass man ihn wie Rauch sehen konnte. Auf einmal hörte ich in weiter Ferne Standlaut. Jetzt aber schnell, denn ich wusste nicht, wie lange er am Stück blieb. Immer näher kam ich seinem außergewöhnlich tiefen Bass. Schon von weitem sah ich, wie er im Buchen-Altholz lauthals um das Kitz sprang und es in Schach hielt. Ich war jetzt nur mehr zehn Meter entfernt, nahm die Büchse in Anschlag und sah … meinen Gero! Er war es, als ob niemals etwas geschehen wäre. Es war mein Gero. Ich war im Anschlag und traute mich nicht abzudrücken, aus Angst, einen Fehler zu machen. Noch einmal wollte ich nicht einen toten Hund nach Hause bringen.

Ich weiß nicht, wie lange ich im Anschlag dastand, aber es waren sicher fünf Minuten. Jetzt erkannte mich das Kitz und brach aus, besser gesagt: wollte ausbrechen. Mein Orgo ließ ihm keine Chance. Er packte es am Hinterlauf. Es fiel zur Seite, und schon hatte er es an der Drossel, er verbiss sich ganz fest in seine Beute – bis das Kitz verendet war. Er verbellte das Rehkitz und packte es immer wieder. Langsam ging ich zu ihm, kniete nieder und streichelte ihm sanft übers Haupt. Er jedoch wollte weiter seine Beute rupfen. Aber in einem Rudel entscheidet der Rudelführer. Also packte ich Orgo am Genick, schüttelte ihn kurz und fuhr ihm dann wieder sanft übers Haupt. Er hatte verstanden. Spätestens jetzt war mir klar, welch tollen Hund ich bekommen hatte.

Im Grunde genommen hätte ich diese Nachsuche nicht annehmen dürfen. Ab und zu darf und muss man aber im Leben auch seinem Gefühl folgen. – Und noch etwas. Ich will hier nicht den großen Moralapostel spielen, aber es muss dennoch gesagt sein: Es ist grob fahrlässig und mir graust davor, wenn sich jemand mit Kunstschüssen auf Lebewesen versucht. Daher machte ich diesem Schützen auch klar, dass mein Hund und ich für ihn in Zukunft nicht mehr zur Verfügung stehen würden …

Die Wochen vergingen, und langsam wurde es Frühling. Für meine Familie, meinen Hund und mich begann in diesem Jahr ein neues Leben. Vor vierzehn Jahren hatten wir die Metzgerei der Schwiegereltern übernommen, und jetzt hatten wir uns entschlossen, die Selbständigkeit aufzugeben. Die beiden Söhne besuchten das Gymnasium, und keiner von ihnen zeigte große Lust, das Geschäft nach uns weiterzuführen. Mit Ende Juni schlossen wir also die Metzgerei. Ich hatte von der Bundeswehr die Zusage bekommen, ein halbes Jahr lang eine Wehrübung ablegen zu können. Meine Frau trat eine Stelle im Büro an. Und für unser Geschäft fanden wir einen Pächter. Alles passte – bis auf die Tatsache, dass ich dreihundert Kilometer von zu

Hause weg war und nur am Wochenende nach Hause kam. Der einzige Leidtragende war also mein Hund. Als Selbstständiger hatte ich mir die Zeit frei einteilen und somit jede Nachsuche zusagen können. – Die weitere Ausbildung von Orgo musste sich nun auf die Wochenenden beschränken.

Wie sehr sich Orgo freute, wenn ich am Freitag nach Hause kam! Er begrüßte mich oft freudiger als meine Frau. Ich schaffte es, am Wochenende zwei Fährten zu legen und auszuarbeiten. Da ich unter der Woche Zeit hatte, auch Abenddienst zu versehen, hatte ich bald Überstunden und Urlaub im Überfluss. Somit stand schließlich fast mehr Zeit zur Verfügung als zu Zeiten der Selbstständigkeit.

Große Freude bereitete mir im Juni ein Schreiben vom Bundesforst Hohenfels: eine Einladung für die Bewegungsjagden im Herbst. Gute Leute werden eben nicht vergessen! Aber zuvor hatten Orgo und ich noch einen wichtigen Termin: die Vorprüfung auf dem Truppenübungsplatz Grafenwöhr. An und für sich halte ich nichts von diesen Hundeprüfungen, sie sagen nichts über das Können und die Leistungsfähigkeit eines Hundes. Für die Prüfung muss ein Hund zu einer bestimmten Stunde auf den Punkt topfit sein. Aber es gibt viele Einflüsse, die dem entgegenstehen können. Wie der Mensch kann auch der beste Hund einmal einen schlechten Tag erwischen. Aber ich brauchte diese Vorprüfung für die Anerkennung des Landesjagdverbandes als Nachsuchenführer. Also tat ich alles Menschenmögliche, damit wir gemeinsam diese Prüfung bestanden. Es sollte eigentlich nichts schiefgehen.

Ich konnte zwischen einer getretenen, einer geführten oder beobachteten Hochwildfährte wählen. Die getretene Fährte ist klar, bei der geführten wird ein zahmes Wildschwein durch den Wald geführt, bei der beobachteten wird am Morgen ein Stück Hochwild über einen längeren Streckenabschnitt – rund dreihundert Meter – beobachtet, und der Hund soll diese Fährte am Nachmittag dann aufnehmen und ihr folgen, bis er abgerufen wird. Ich entschied mich für die getretene Schwarzwildfährte, mit Abstand das Schwierigste. Aber mein Hund war auf diese Art von Fährte eingearbeitet.

Wer einmal auf einem der Truppenübungsplätze in Deutschland gejagt hat, der weiß, dass es nirgendwo sonst eine so hohe Wilddichte gibt. Hohes Wildaufkommen heißt natürlich auch: viele Verleitungen für den Prüfling. Wir mussten also in einem der größten Rotwildgebiete Deutschlands eine Sauenfährte suchen. Rotwild aber kannte mein junger Hund bis jetzt gar nicht, wir hatten uns bisher nur auf Schwarzwild konzentriert. Aber ich vertraute dem Hund, denn ich wusste, dass uns bei dieser Prüfung der „Anschuss" gezeigt wurde. Schlechter wäre gewesen, wenn wir den Anschuss erst ausfindig hätten machen müssen. Sozial war Orgo gefestigt, ich hatte immer darauf geachtet, dass er mit anderen Hunden in Kontakt kam. Kurz und gut, mein Hund und ich waren auf die Prüfung vorbereitet.

Wir fanden uns an einem Samstagmorgen auf dem Übungsplatz ein. Prüfungsleiter war Andreas I., der für jeden Schweißhundeführer ein Begriff ist, und wir bestanden die Vorprüfung mit Auszeichnung. Dafür erhielten wir am Nachmittag nicht nur eine Urkunde, sondern auch eine Abwurfstange mit der Beschriftung der Vorprüfungsdaten – eine nette Geste! Jetzt waren wir, Orgo und ich, wieder ein Nachsuchengespann. Ab sofort beschäftigten wir uns mit der praktischen Ausbildung.

Der Sommer dieses Jahres war eher ein Herbst, aber für mich gerade richtig, denn Regenwetter ist für die Hundeausbildung allemal besser als schönes Sommerwetter. Ich fing an, mit Orgo ans Eingemachte zu gehen. Eines dieser Dinge ist zum Beispiel, dass ich während Ausbildung und Erziehung großen Wert auf Rituale lege, etwa, dass mein Hund bei der Rückfahrt neben mir auf dem Beifahrersitz sitzen darf, wenn er seine Fährte findet oder zum Stück führt. Ein Ritual ist eine Art unumstößliches Gesetz, das man selbst aufgestellt hat und an das man sich hält, auch wenn es manchmal schwerfällt.

Mit dem „Eingemachten" meine ich aber auch: die Ausbildungsabschnitte dem Können und dem Lebensalter des Hundes anpassen. Ich legte nach wie vor Kunstfährten, baute aber Erschwernisse ein, etwa mehrere Haken, oder ich legte die Fährte entlang von geschotterten Waldwegen oder baute einen Widergang ein. Irgendwann einmal steht jeder Nachsuchenhund vor der großen Aufgabe, einen Widergang zu entwirren. Zum allgemeinen Verständnis: Bei einem Widergang geht das Wild denselben Weg zurück, den es gekommen ist und biegt schließlich nach links oder rechts ab. Bei den Sauen machen einen solchen Widergang meistens die Bachen. Der Zurückweg ist normalerweise zwischen fünfzig und zweihundert Meter lang. Mit großer Wahrscheinlichkeit geht die Sau unmittelbar nach dem Widergang ins Wundbett. Also Vorsicht, es kann sein, dass einen die Sau beim Entwirren des Widerganges annimmt! Nicht ausgeschlossen, dass auch ein Keiler einmal einen Widergang macht, aber in meiner Nachsuchenpraxis waren es bisher immer Bachen. Daher ist es für mich bei einer Nachsuche immer wichtig zu wissen, ob es sich um Keiler oder Bache handelt. Gegen den allgemeinen Glauben ist die Suche auf eine Bache wesentlich gefährlicher als die auf einen Keiler. Eine Bache ist zwar nicht so angriffslustig wie ein Keiler, aber wenn sie annimmt, kommt sie immer mit offenem Gebrech. Wer schon einmal von einem Schwein gebissen worden ist, der weiß, wovon ich spreche. Den Attacken eines Keilers kann man zudem mit etwas Erfahrung gut ausweichen. Er greift immer nach dem gleichen Schema an. Zuerst versucht er, einen zu überrennen, dann zu Boden zu werfen und auf dem Boden mit den Waffen zu bearbeiten. Deshalb: Immer aufstehen und niemals liegenbleiben! Eine Bache hingegen ist unberechenbar, und ihrem Biss kann man fast nicht ausweichen. Nur ein schneller Fangschuss, der gezielte Einsatz des Messers oder, wenn alles zu schnell geht, der Tritt mit dem schweren Stiefel auf den Wurf können eine schmerzhafte Bissverletzung verhindern. Aber das sind Erfahrungen, die jeder Nachsuchenführer selbst machen muss. Gleichzeitig sind es Erlebnisse, die einen prägen und mit seinem Hund zum Gespann zusammenwachsen lassen.

Nehmen Sie sich also Zeit für das Legen und das Ausarbeiten eines Widerganges. Gehen Sie am Anfang nur wenige Meter auf der Fährte zurück und steigern Sie dann die Länge des Widerganges nach und nach. Und denken Sie immer daran: Ihr Hund kann alles! Was Sie hier machen, das ist nur noch der Feinschliff. Natürlich wäre es noch besser, könnte der Hund diese Erfahrung auf einer echten Nachsuche machen. Aber Widergänge kommen nur bei den wenigsten Nachsuchen vor.

Nicht nur der Sommer dieses Jahres war schlecht – nein – auch der Bestand an Schweinen war bei uns gering. Die

Sauen waren wie vom Erdboden verschluckt. Kein nennenswerter Schaden im September im Mais, daher keine Maisjagden und damit keine Nachsuchen. Woran es liegt, weiß manchmal der Teufel. In dem einen Jahr gibt es jede Menge Sauen, und im Jahr darauf fast keine. Also mussten wir mit den Nachsuchen auf die Bewegungsjagden auf dem Truppenübungsplatz Hohenfels warten. Wir nützten die Zeit aber zu intensiver theoretischer Ausbildung. Und dann war endlich der Oktober da, und wir waren wieder im Rennen!

Jedes Mal freue ich mich, wenn ich nach der langen Sommerpause wieder nach Hohenfels kommen darf. Es ist herrlich, diese Landschaft zu erleben und altbekannte Gesichter zu sehen. Für mich war es nicht wichtig, sofort wieder ins Nachsuchengeschehen einzutreten, es reichte mir vorerst, als Beunruhiger eingesetzt zu werden. Armin, als verantwortlicher Hundeeinteiler, sah es ebenso. Zuerst sollte mein Hund Eindrücke sammeln und die Gerüche des für ihn noch neuen Geländes kennenlernen. So arbeiteten wir also am Vormittag als Beunruhiger, und nach der Jagd übernahmen wir die ersten kleineren Totsuchen.

Als die Drückjagden dieses Jahres dann vorbei waren, hatten wir dreizehn Nachsuchen auf Schwarz- und Rotwild zu Buche stehen, alle mit Erfolg. Bei einer der Jagden wurde ich zur Nachsuche auf ein Schwein gerufen. Orgo und ich langten gegen zwei Uhr beim Drückjagdstand ein, wo eine ältere Dame auf uns wartete. Sie hatte um halb zehn einen allein ziehenden Frischling beschossen. Der Stand lag inmitten eines Buchen-Altholzes, mit Blick auf einen mit großen Felsblöcken durchsetzten Hang, der sich wie eine unüberwindbare Festung vor uns auftat. Der

Frischling hatte mit einem kurzen Rucken und lautem Klagen gezeichnet. Die Flucht war hangab gegangen, genau am Stand vorbei. Obwohl der Frischling auf zehn Meter an ihr vorbeikam, hatte sie keinen zweiten Schuss anbringen können. Nach dem Abblasen hatte sie den Bereich des Anschusses untersucht, aber nichts gefunden. Daraufhin hatte sie den Förster verständigt, der wiederum mich rief. Wie gesagt: Die Planung und Durchführung der Bewegungsjagen auf dem Truppenübungsplatz Hohenfels sind wirklich vorbildlich!

Ich bat die Dame, mir ungefähr den Anschuss zu zeigen. Nach kurzer Zeit fiel mein Hund eine Fährte an, die aber nach Aussage der Jägerin nicht stimmen konnte: Der Anschuss sei weit davon entfernt. – „Der Hund hat immer recht!“, lautet eine alte Hundeführerweisheit. So war es auch hier. Nach einigen Metern zeigte mir Orgo schon Schweiß: ganz feine Spritzer auf trockenem Buchenlaub. Die lange Erfahrung beim Lesen von Schweißfährten sagte mir, dass wir es hier mit einem Laufschuss zu tun hatten. Der Frischling war das einzige Stück Wild gewesen, das die Schützin in Anblick hatte, und der Verlauf der Fährte im frisch aufgewühlten Laub daher eindeutig zu erkennen.

Die Wundfährte ging am Stand vorbei und dann hinein in eine Fichtendickung. Auf allen Vieren folgte ich dem Hund durch diesen mit Brombeeren durchzogenen Verhau. Nach kurzer Zeit hatte ich schon die ersten Kratzer im Gesicht. Natürlich kann man auch eine Dickung umgehen und seinen Hund den Ausgang durch Vorsuche zeigen lassen. Aber ich halte nichts davon, weil ich dabei wichtige Dinge nicht sehen kann, wie etwa ein Wundbett. Unmittelbar am Ausgang der Dickung kam ein Neunzig-Grad-

Haken, den mein Kleiner ohne Stocken bewältigte. Noch war genügend Schweiß da, um der Fährte problemlos zu folgen. Aus Erfahrung weiß ich aber, dass bei einem Laufschuss, von dem ich ausging, der Schweiß urplötzlich aufhört. Keine zwanzig Meter weiter war es dann soweit. Der Schweiß, gerade noch gut auf den trockenen Buchenblättern sichtbar, war verschwunden. Orgo aber suchte souverän, sodass ich mir keinerlei Sorgen machte. Er hatte sich festgesaugt, nichts konnte ihn mehr von diesem Individualduft abbringen. Nach achthundert Metern überquerten wir eine Panzerrollbahn. Dort konnte ich im Matsch auch ein Trittsiegel erkennen. Schweiß war aber nicht einmal auf den hellen Schottersteinen zu erkennen. Zweihundert Meter ging die Fährte parallel zur Panzerrollbahn, danach führte sie in einen Schwarzdornhang hinein. Inmitten dieser Schwarzdornhecke fand ich nach etwa 1.200 Metern das erste Wundbett. Eindeutig konnte man im trockenen Laub die Umrisse des Schweines erkennen. Hier hatte es versucht, sich auszuruhen, oder vielmehr: Die Verletzung und die unsäglichen Schmerzen hatten es dazu gezwungen, eine Pause zu machen. Aufgrund der Umrisse im Laub und der Stelle des Schweißes wusste ich jetzt, dass wir es mit einem etwa fünfundzwanzig Kilogramm schweren Frischling mit Hinterlaufschuss rechts zu tun hatten. – Aber was hatte den Frischling dazu gebracht, das Wundbett zu verlassen? Hatte er uns kommen gehört? War es die Nähe der Panzerstraße und die damit verbundene Unruhe? Keine Ahnung.

Orgo war nicht unruhiger als vorher, also war an ein Schnallen nicht zu denken. Nach intensivem Verweisen gab es jede Menge Lob. Danach ging es weiter durch ein mit kleinen Schwarzdornhecken durchzogenes Kiefern-Altholz, ziemlich steil bergab. Als ich mich in der Mitte des Hanges befand und ins Tal blickte, fiel mir eine in die Länge gezogene Schwarzdornhecke auf. Irgendwie hatte ich eine Vorahnung. Also zog ich dem Hund das Brustgeschirr aus, sodass er nur noch die Warnhalsung und das GPS-Halsband um hatte. Ohne ihn heiß zu machen, ließ ich ihn in die Hecke. Ein wildes Knacken von Ästen, ein langgezogenes Grunzen und das Warnen einer Sau bestätigten mir meinen sechsten Sinn. Am Anfang noch etwas ängstlich, sich aber immer mehr ins Selbstbewusste steigernd, gab mein Orgo Laut. Ich stand noch immer vor der Hecke, die einem Tunnel ähnelte, als plötzlich mein Hund aus dem Loch schoss, gejagt vom Frischling. Die Sau sah mich, machte kehrt, und mein Hund hinterher. Dieses Spiel wiederholte sich noch zwei Mal. Beim dritten Mal wäre ich mit der 9,3 x 62 im Anschlag gewesen, aber die Sau kam nicht mehr. Laut und giftig, selbstbewusst und motiviert, hielt mein Hund die Sau in Schach. Immer wieder dieses Grunzen und Ästebrechen. Ich wusste, dass ich Orgo helfen musste. Auf allen Vieren kroch ich in das Tunnelsystem der Schwarzdornhecke, dem Laut des Hundes entgegen. Keine fünf Meter vor mir sah ich Orgos Hinterteil. Also musste die Sau unmittelbar vor ihm sein. Durch ruhiges Zureden gab ich mich zu erkennen und zeigte meinem Hund, dass er nicht allein war. Etliche Hundeführer scheuen den Weg in eine Dickung und unterstützen ihren Hund nicht. Auch mich kostet es heute noch große Überwindung, in einen Brombeerverhau zu schlüpfen, in dem mein Hund eine Sau stellt. Aber wenn ich meinem Hund in einer solchen Lage nicht helfe, zeige ich Schwäche. Jeder Hund wird diese Schwäche erkennen, und spätestens nach dem dritten Mal wird er nach kurzem Verbellen die Bail abbrechen. Was aber noch schlimmer ist: Der Hund wird einen danach nicht mehr als Rudelführer akzeptieren.

Meine Anwesenheit in der Dickung spornte Orgo sichtlich und hörbar an. Auf die Ellbogen gestützt, die Nachsuchenbüchse im Anschlag, war ich bereit. Gewehr entsichert, den Finger am Abzug, lag ich unmittelbar hinter dem Hund. Völlig entspannt aber hochkonzentriert wartete ich auf meine Chance. Nun kam die Attacke gegen Orgo, wie erwartet. Der Hund sprang über mich nach hinten in den Tunnel. Schuss! Und Sau tot! Einen Meter vor der Laufmündung lag der Frischling mit Kopfschuss. Sofort kam mein Hund zurück, packte die Sau und nahm sich sein Recht.

Damals war Orgo einundzwanzig Monate alt. Die Suche war über zweieinhalb Kilometer gegangen, größtenteils ohne Schweiß. Der Frischling hatte tatsächlich einen Hinterlaufschuss rechts. Spätestens jetzt wusste ich, dass meine Zeit als Ausbildner eines Schweißhundes vorbei war.

Schon sehr früh stellte ich fest, dass Orgo leidenschaftlich Laut gab, sehr zum Leidwesen der Schwiegermutter und der Nachbarn. Mich aber freute es, zum einen, weil Gero beim Lautgeben recht faul gewesen war und nur Sichtlaut gab, zum anderen, weil es für mich etwas Neues war, womit ich umgehen konnte. Dieses Lautgeben dauerte manchmal stundenlang, wenn sich Orgo mit seinem besten Freund, unserem Shetlandpony Felix, in den Haaren hatte. Es war schön, zu beobachten, wie sich die beiden neckten und zum Spielen aufforderten. Hatte Orgo einmal keine

Lust und lag einfach nur faul in der Wiese, kam bestimmt Felix und stupste ihn so lang an, bis er endlich mitmachte.

Beim Hühnermord hatte Orgo Jagdinstinkt bewiesen. Nun wartete ich darauf, dass er ihn auch irgendwann draußen im Wald entwickelte: dass er sich von mir einmal entfernte und endlich selbständig auf die Jagd ging.

Eines Tages war es dann so weit. Bei einer unserer Unternehmungen – er zeigte mir gerade eine Saufährte – sprang ein Rehbock über den Waldweg, blieb kurz stehen und war auch schon wieder mit einem Satz in der Dickung. Wie vom Blitz getroffen, blieb Orgo, der vielleicht zehn Meter vor mir war, stehen, drehte sich kurz nach mir um und war auch schon weg. Zuerst etwas zögerlich, sich aber dann immer mehr steigernd, hetzte er laut hinter dem Rehbock her. Ich hatte mich bewusst zurückgehalten, als er sich nach mir umgedreht hatte, weil ich wissen wollte, wie der Hund sich verhielt: War er fährtenlaut? Wie ausdauernd jagte er? – Überall um mich herum war das kurze Jiffen des Fährtenlautes zu hören. Erst nach zwei Stunden war mein Kleiner wieder bei mir. Völlig fertig, aber sichtlich froh über das Erlebte. Natürlich muss man seinen Hund dann freundlich und mit überschäumender Freude empfangen. Er muss das Gefühl haben, dass er gerne zu seinem Führer zurückkommen darf und nicht mit Strafe rechnen muss.

Durch seine gelegentlichen nichtgenehmigten Ausflüge wird er selbständig. Er lernt, dass er die Rehe und Hasen nie erwischen wird. Für mich als Nachsuchenführer ist es besonders wichtig, dass er sich zu orientieren lernt und wieder zu mir zurückfindet. Es gibt nichts Schlimmeres als einen orientierungslosen Hund. Diese Orientierungslosigkeit ist weiter verbreitet, als man denkt. Ich habe einen

Jagdfreund, dessen Tiroler Bracke ein geborener Stöberer ist. Aber nach der Jagd muss er grundsätzlich abgeholt werden, da er nicht weiß, wo er sich befindet. Wie beruhigend ist es hingegen, wenn man weiß, dass der Hund problemlos zu einem zurückfindet und nicht stundenlang gesucht werden muss! Obwohl: Beim heutigen Stand der Technik ist auch das keine Hexerei mehr. Denn fast jeder Hundeführer ist im Besitz eines GPS-Senders, einer äußerst praktischen Erfindung, die jedoch richtig ins Geld gehen kann. Alleine wegen der hohen Anschaffungskosten habe ich mich lange geweigert, mir ein solches Teil zu besorgen. Dann aber kam mir die zündende Idee. Ich bilde meinen Hund jahrelang aus, arbeite bei jedem Wetter, bin immer einsatzbereit, setze die Gesundheit von mir und meinem Hund aufs Spiel – und das kostenlos. Darum stellte ich bei meinem Hegering und drei weiteren Jägervereinigungen, bei denen ich ständig im Einsatz bin, einen Antrag auf Kostenbeteiligung. Und siehe da, das Gerät wurde mir vollständig bezahlt!

Ein Nachsuchenführer muss eine Vertrauensperson sein, er braucht einen einwandfreien Leumund. Einen guten Ruf zu erwerben, das verlangt viel Zeit, gepaart mit einer Menge Öffentlichkeitsarbeit. Die beste Jahreszeit für diese Arbeit ist das Frühjahr – von Februar bis April. Da finden die meisten Versammlungen der Jagdvereine und Verbände statt. Schon bei der Ausbildung des ersten Schweißhundes habe ich mich bei verschiedensten Versammlungen vorgestellt. Ich wurde bei den Vorsitzenden und Forstamtsleitern telefonisch vorstellig. Und dabei merkte ich immer wieder, dass das Thema „Nachsuche“ stets sehr aktuell war und ich ohne Schwierigkeiten zu den Veranstaltungen eingeladen wurde. Mein Hund war bei diesen Gelegenheiten immer dabei. Je öfter wir uns vorstellten, umso wortgewandter wurde ich im freien Reden, und schon nach kurzer Zeit hatte ich so viel Selbstvertrauen, dass ich mich auf unsere Vorstellungsgespräche richtiggehend freute. Meine Hunde trugen mit ihrer Gelassenheit und Ruhe viel dazu bei, dass man uns Vertrauen entgegenbrachte.

An einen solchen Abend kann ich mich noch besonders gut erinnern. Als ich damals meinen Gero nach der Veranstaltung zum Nachhausegehen suchte, fand ich ihn zunächst nicht. Schließlich stöberte ich ihn bei der Wirtin in der Küche auf, wo er gerade die dritte Portion Schweinebraten verspeiste. Gero war nämlich ein echt begnadeter Fresser. Wenn man ihm fünfmal die Schüssel füllte, dann fraß er sie sechsmal leer. Er war auch nicht wählerisch: ob Tomaten, Äpfel, Gurken oder Fleisch in allen Variationen, er nahm alles gerne – bis auf eines: Wildschwein!

Diese Veranstaltungen ebnen mir den Weg, um meiner Passion zu folgen. Ich erzähle von unseren Nachsuchen und erkläre den Jägern, wie man sich an einem Anschuss richtig verhält, nicht schulmeisternd, sondern partnerschaftlich und verständlich. Ich rede offen über meine Abneigung gegenüber Kunst- und Schnellschüssen, mache aber auch klar, dass eine Nachsuche etwas völlig Normales ist. Ich richte Anschuss-Seminare aus. Noch nie habe ich Geld für diese Arbeit verlangt. Wichtig ist mir vielmehr, dass diejenigen, die uns bei den Suchen begleiten, uns weiterempfehlen. Auch die Anschuss-Seminare tragen dazu bei, dass mein Hund und ich in aller Munde sind. Wie diese Seminare ablaufen, das möchte ich nun kurz vorstellen. Sie haben drei Themen.

1. Der präparierte Anschuss oder: das Lesen von Pirschzeichen

Ich präpariere auf verschiedenen Bodenarten – Laubwald, Nadelstreu, Wiese, Acker – Anschüsse mit Schweiß, mit Haaren, Borsten, Knochensplittern, Decken- beziehungsweise Schwartenfetzen. Es kommt mir darauf an, dass die Teilnehmer erkennen, wie schwierig es ist, Pirschzeichen zu sehen, und dass sie lernen, anhand der gefundenen Zeichen Rückschluss auf die Verletzung zu ziehen. Dazu gehört auch, Schweiß mit der Zunge zu kosten, wodurch ich etwa einen Leberschuss erkenne. Dazu gehört, dass ich an dem Schweiß rieche, um den Gescheideschuss zu erkennen. Ich muss den Teilnehmern den Unterschied zwischen Laufknochen, Gebrech- und Rippenknochen zeigen. Sie müssen bei Borsten zuordnen können, von welchem Körperteil der Sau sie stammen. Sie werden erfahren, dass heller Schweiß nicht immer Lungenschweiß sein muss, dass heller Schweiß aber immer von einer Arterie stammt, die unmittelbar vom Herzen wegführt. Dunkler Schweiß hingegen weist entweder auf einen Leberschuss hin, oder er stammt von einer Ader, die im Blutkreislauf kurz vor dem Herzen liegt. Einmal ist es mit Sauerstoff angereicherter, also heller Schweiß, das andere Mal nicht mit Sauerstoff angereicherter, also dunkler Schweiß. Auch lernen die Teilnehmer, mit den Augen zu sehen und nicht mit den Füßen. Wenn man nämlich Pirschzeichen erkannt hat, bleibt man stehen, kniet nieder und sucht die Umgebung mit den Augen ab. Der Anschuss darf nicht zertrampelt werden.

2. Finden und Erkennen des Anschusses

Je nachdem, was mir zur Verfügung steht, wird ein totes Reh oder ein Frischling unaufgebrochen auf ein Gestell gebunden. In Anwesenheit der Teilnehmer schieße ich dann mit meiner 9,3 x 62 aus dreißig Metern Entfernung vom Hochsitz aus auf das Stück. Zunächst simuliere ich einen Schuss durchs Gescheide, dann untersuchen wir den Anschuss, schließlich wird das Gestell verstellt, und es folgt ein Kopf- beziehungsweise Gebrechschuss, und so weiter. Es ist immer wieder interessant zu sehen, wie lebhaft die Lehrgangsteilnehmer hier bei der Sache sind.

3. Wirkung des Geschoßes im Ziel – Gefährdungsbereich

Ähnlich wie beim Thema zuvor befestige ich auch hier ein Wildschwein – oder auch nur das Haupt – auf einem Gestell. Ungefähr zehn Meter dahinter spanne ich eine weiße Plastikplane. Sie sollte lieber größer als zu klein sein, mindestens zwanzig mal zwanzig Meter. Jeder Landwirt hat solche Planen, um seine Silos abzudecken. Wieder schieße ich aus kurzer Entfernung aufs Haupt, aber nicht aus einer erhöhten Position, sondern angestrichen an einem Baum, wobei natürlich für einen entsprechenden Kugelfang gesorgt sein muss. Hier möchte ich den Teilnehmern die Wirkung eines Treffers bei einer Bewegungsjagd, Maisjagd oder beim Umstellen einer Dickung nach einem Ausneuen vorführen. Für viele ist dieses Seminarthema das lehrreichste. Dabei wird nämlich klar, wie groß der Streukreis der Geschoss- und Knochensplitter ist, und dementsprechend: Wie groß der Gefährdungsbereich für Treiber, Hundeführer und Hunde ist. – Soviel zu den Seminaren.

Nachsuche auf einen Überläuferkeiler

Nun, zum Abschluss dieses Buches, möchte ich noch von einer besonderen Nachsuche erzählen. Sie trug sich voriges Jahr an einem Sonntag im Januar zu. Es lag noch immer kein Schnee, und unsere Nachsucheneinsätze hatten sich bislang auf einige wenige Kontrollsuchen beschränkt. Diese Suchen waren aus Sicht des Nachsuchenführers wertlos, da es sich entweder um einen Fehlschuss handelte oder das Stück nach hundert Metern verendet in der Hecke lag.

Seit Freitag regnete es wie aus Eimern – teils mit Schnee vermischt. Was als Schnee über Nacht liegen blieb, holte sich am Morgen der Regen und machte alles zu Wasser. Ich saß mit der Familie in unserem Wintergarten beim Frühstück, und Schneeregen klatschte ans Glas. Die einzige Aufgabe, die mir an diesem Sonntag zufiel, war, meine Schwiegermutter zum Bahnhof zu bringen. Solche Sonntage liebe ich: gemütlich frühstücken, mit dem Hund kurz ins Revier, Mittagessen und dann ab aufs Sofa. Sie waren aber auch selten genug. Meistens hatte meine Frau schon etwas geplant, oder es musste noch irgendeine Arbeit auf dem Hof erledigt werden. Aber noch seltener war seit Geros Tod, dass eine Nachsuche hereinkam.

Wenn dann aber wirklich sonntags um neun Uhr das Telefon klingelt, weiß ich, dass ein hilfloser Jäger dran ist, der sein Schwein nicht findet. So war es auch diesmal. Es war Karl, der gestern auf eine Sau geschossen hatte und mich um Hilfe bat. Ich sagte für nach dem Mittagessen zu, wenn ich die Schwiegermutter zum Bahnhof gebracht hatte.

Wie lange war die letzte Nachsuche jetzt her? Über zwei Monate! Normalerweise war ich im Winter fast jeden Tag unterwegs und kämpfte mich durch Gestrüpp und Dornenhecken. Beim Sinnieren kam mir meine Ausrüstung in den Sinn. Nach der letzten hatte ich unbedingt das Abfangmesser schleifen wollen, und wahrscheinlich war auch der Akku des Halsbandsenders leer. War in der orangefarbenen Nachsuchenjacke überhaupt noch ein Markierband? Und apropos Jacke: Hatte nicht meine Frau das letzte Mal gesagt, diese müsse dringend gewaschen werden? Jetzt erst merkte ich, dass ich voller Vorfreude war, und vor lauter Ausrüstungszusammenstellen hätte ich beinahe auf die Schwiegermutter vergessen!

Nach einem schnellen, aber wie immer hervorragenden Sonntagsessen holte ich den Hund und suchte mit ihm die letzten noch fehlenden Ausrüstungsgegenstände zusammen. Dies mache ich immer als ganz bewusstes Ritual, um dem Hund und mir die Anspannung zu nehmen.

Es regnete derart heftig, dass ich auf der Anfahrt nur mit sechzig Kilometer pro Stunde fahren konnte. Karl ist Pächter eines landschaftlich reizvollen Sechshundert-Hektar-Gemeinschaftsreviers in seinem Heimatort. Seine Mutter betreibt von jeher eine kleine Bauernwirtschaft, in der am Sonntag der Jäger-Stammtisch stattfindet. Als wir bei Karl in den Hof fuhren, wurden wir schon erwartet. Seine Mutter und seine Frau wollten unbedingt meinen neuen Hund kennenlernen. Noch während sich die Damen mit Orgo beschäftigten, schilderte Karl, was gestern Nacht vorgefallen war.

Karl hilft immer wieder in der elterlichen Wirtschaft aus, und die Gäste hatten das Lokal gegen elf Uhr abends verlassen. Es war Vollmond, und er war noch kurz ins Revier gefahren. Als er sein Auto auf einer Wiese abstellte und die umliegenden Wiesen abglaste, entdeckte er mitten im Feld eine einzelne Sau, die genüsslich nach Würmern und Engerlingen suchte. Keine hundert Meter von ihm entfernt ackerte die Sau die Wiese um. Das Schwein war so vertieft in seine Arbeit, dass sie nicht merkte, dass Karl noch einmal die Autotür aufmachte, um sein Gewehr herauszuholen. Er pirschte noch zwanzig Meter näher. Als die Sau breitstand, schoss er stehend freihändig. Ein lautes Klagen hallte durch die Nacht, und die Bühne war plötzlich leer. Den Anschuss wusste er nicht so genau, und er konnte keinen Schweiß und keine Borsten finden. Um nicht noch mehr Schaden anzurichten, fuhr er nach Hause, um mich am nächsten Morgen zu verständigen. Hätte die Sau nicht so geklagt, hätte man glauben können, sie sei gefehlt.

Nachdem die Frauen mit der Begrüßung des Hundes fertig waren, fuhren wir zum Ort des Geschehens. Keine zweihundert Meter von der Ortschaft entfernt lag diese Wiese, die sich über einen Kilometer entlang eines Höhenkammes zog. Der Wind glich hier oben einem Sturm. Es schneite für einen kurzen Augenblick, dass man die Hände vor den Augen nicht sah. Während wir uns fertig machten, war mir schon so kalt, dass die Motivation fast auf null sank. Selbst Orgo war der kalte Wind unangenehm. Er stand zusammengekauert da, die Ohren flatterten im Wind, und der Blick war grimmig. Mir war klar, dass wir aufgrund des Wetters keine Pirschzeichen mehr finden würden. Auf dem Platz, von dem aus er geschossen hatte, hatte Karl unmittelbar nach dem Schuss ein Papiertaschentuch in die Wiese gelegt, sodass wir in dieser Hinsicht einen guten

Anhaltspunkt hatten. Von dort aus lotste er mich zum vermuteten Anschuss. Aufgeworfene Grasbollen und zerpflügte Grasnarben sagten uns, dass die Sauen hier schon öfters zu Gange gewesen waren. Orgo tat sich sichtlich schwer. Zum einen war er noch mit den widrigen Windverhältnissen beschäftigt, und zum anderen hatte er noch nie unter solch harten Bedingungen eine Wundfährte aufnehmen müssen. Ich erkannte sofort, dass er Hilfe brauchte, kniete mich zu ihm, nahm ihn in den Arm und drückte ihn erst einmal kräftig. Mit meiner tiefen und beruhigenden Stimme motivierte ich ihn, strich vor uns mit der flachen Hand über die Wiese und ermutigte ihn, seine Nase zu gebrauchen. Langsam, noch etwas zögernd, löste er sich von mir und begann anzuwenden, was er gelernt hatte. Immer intensiver beschnüffelte er seine Umgebung. Und, wie es ihm angeboren war, begann er einen Kreis zu bilden. Das Wetter spielte nun keine Rolle mehr. Hochkonzentriert klopfte er die Umgebung auf Informationen ab. Ehrlich gesagt, hatte ich schon beim Aussteigen meine Zweifel an der Unternehmung gehabt. Aber damit das Mögliche entsteht, muss man das Unmögliche wagen. Mit dieser Lebensphilosophie geschehen manchmal Dinge, die an ein Wunder grenzen, nicht nur bei der Jagd.

Wie von Zauberhand geführt, verließ mein Hund plötzlich seinen Kreis, der bestimmt fünfzig Meter im Durchmesser hatte, und nahm eine Fährte auf. Um ihn nicht zu beeinflussen, ließ ich den Schweißriemen am Boden und folgte Orgo, der recht zielstrebig hangabwärts ging. Nach zweihundert Metern waren wir am Waldrand angekommen, und mein Hund verwies etwas. Ich hangelte mich zu ihm vor und sah Hundefutter. Überall hier am Waldrand lag trockenes Hundefutter! Ich sah Karl fragend an. Hier sei sein Luderplatz für Füchse, erklärte er mir. Na bravo!

Was oder wem folgte nun mein Hund? Immer wieder auf die Wiese zurückgreifend, suchte Orgo Witterung, um die Verbindung nicht abreißen zu lassen. Er war so in diese Fährte vertieft, dass er das Hundefutter gar nicht anrührte. Hier an der Wald-Feld-Grenze stand trockenes helles Gras, an dem ich aber keinen Schweiß erkennen konnte. Dem Wind waren wir jetzt zwar nicht mehr ausgesetzt, aber der Regen hatte alle Zeichen gelöscht. Wieder begann der Hund zu bögeln. Ging wieder und wieder zurück in die Wiese, bis er kurz vor dem Luderplatz im rechten Winkel nach links wegzog. Es ging in ein Buchen-Altholz mit einzelnen, kleineren Fichtenabteilungen. Unter einer dieser Fichten verwies Orgo recht intensiv. Er blieb stehen und wedelte mit der Rute. Eindeutig: Hier war die Sau im Bett gewesen! Eine typisch für ein Schwein ausgehobene Kuhle im Buchenlaub war zu erkennen, aber kein Schweiß.

Orgos ganzes Verhalten überzeugte mich von Anfang an, dass er auf der richtigen Fährte war. Zielstrebig und sicher suchte mein Hund über dieses Sauenlager den Hang hinunter in eine Fichtendickung, die dermaßen mit Brombeeren durchzogen war, dass ich mich nach wenigen Metern mit meinem Abfangmesser freischneiden musste. Die Ranken der Brombeeren waren teilweise so stark wie Finger. Um überhaupt weiterzukommen und meinem Hund folgen zu können, musste ich auf allen Vieren kriechen. Aber auch hier, wo der Regen nicht hinkam und ich direkt am Boden krabbelte, sah ich keinen Schweiß. Nach einer gefühlten Ewigkeit, einer zerrissenen Warnjacke und einem zerkratzten Gesicht, als ob ich mit einer

Katze gerauft hätte, führte mich Orgo aus dem Dickicht. Mich wunderte, dass vorhin unter der Fichte dieses Lager gewesen war und hier, in diesem guten Einstand, kein Wundbett oder Ähnliches zu finden war. Ich bin jedoch lange genug Nachsuchenführer, um zu wissen, dass es bei Sauen kein Muster gibt, das auf jede Nachsuche anzuwenden wäre. Ein paar wenige Richtlinien gibt es schon, die man übertragen kann, im Großen und Ganzen ist aber jede Suche anders.

Im Tal des Hanges angekommen, ging es über einen Wassergraben, wo ich am anderen Ufer im Schlamm ganz deutlich den Schalenabdruck einer Sau erkennen konnte. Ihr Lebendgewicht schätzte ich auf rund achtzig Kilogramm. Nach der Größe des Schweines befragt, meinte Karl, es sei zwar dunkel gewesen, aber es habe sich wohl nicht um ein kleines Schwein gehandelt. Also konnte der Abdruck gut zur beschossenen Sau passen.

Orgo wollte weiter. Nachdem wir den Graben gequert hatten, ging es im Buchen-Altholz wieder steil aufwärts. Das umgedrehte Buchenlaub zeugte davon, dass hier etwas gezogen war, meiner Einschätzung nach eine Sau. Ich hechelte den Hang hinauf hinter Orgo her und sah, dass er dieser Fährte folgte. Oben auf der Kuppe neben einer mächtigen Buche verwies der Hund wieder ein Sauenlager, wieder ohne Schweiß. Mittlerweile waren wir gut zwei Kilometer unterwegs. Blut lief mir über die Wangen, noch von der Brombeerdickung von vorhin. Ich hatte keinerlei Bestätigung, dass mein junger Hund überhaupt einer Wundfährte folgte. Große Lust hatte ich nicht mehr. Am liebsten hätte ich jetzt eine geraucht, habe aber zum Glück damit aufgehört. Karl hatte mit Sicherheit schon die fünfte

Zigarette hinter sich. Er merkte mir mein kurzzeitiges Tief an. Das Wetter hatte sich beruhigt, der Regen aufgehört, und aus dem Sturm war Wind geworden. Wir machten eine kurze Verschnaufpause und unterhielten uns über etwas Belangloses. Während wir so dastanden, gab Orgo auf einmal kurz Laut. Was war das jetzt? So etwas hatte er noch nie gemacht. Augenblicklich aber war mir klar, was es hieß: Weiter! Er war auf der Wundfährte!

Ohne mich um Karl zu kümmern, nahm ich den Schweißriemen auf und gab das Kommando „Weiter verwundt!" Bald standen wir an einem Wundbett. Von diesem Wundbett aus ging es mit einem Neunzig-Grad-Haken weiter, den erklommenen Kamm entlang. Nach fünfhundert Metern durchquerten wir ein Kiefern-Stangenholz, das schon jahrelang eine Durchforstung benötigt hätte. Umgestürzte Kiefern kreuz und quer machten das Weiterkommen schwer. Und unmittelbar vor uns war wieder eine Fichten-Kieferndickung. Wir waren noch etwa fünfzehn Meter vor dieser Dickung, als die Sau uns völlig unverhofft annahm. Es war ein durch brechende Äste laut krachender Frontalangriff auf den Hund. Orgo packte die Sau sofort instinktiv am Teller. Laut klagend, weil mein Hund noch immer an ihrem Teller hing, griff die Sau nun mich an. Mein Freund Karl nahm die Beine in die Hand und war weg. Noch während die Sau auf mich zukam, sah ich den massiven Keulenschuss, den sie hatte. Trotzdem kam sie wie eine Dampfwalze durchs krachende Unterholz auf mich zu, während mein Orgo immer noch an ihr hing. Um den Hund nicht zu gefährden, entschloss ich mich, das Gewehr nicht einzusetzen. Stattdessen griff ich instinktiv und der Situation entsprechend nach dem Messer. Knapp bevor sie mich erreichte, machte ich einen Schritt zur Seite und stieß ihr das Messer hinters Blatt. Mit kurzem, heftigem Blasen fiel sie zusammen und zog wie ein Pflug eine Furche in den Waldboden. Noch immer hing Orgo an der Sau und rupfte und knurrte.

Da war er wieder, der Kick der Nachsuche, den ich vermisst hatte. So macht eine Nachsuche Spaß! Um aber ehrlich zu sein: Diese Schilderung hört sich schlimmer an, als ich es in der Wirklichkeit empfinde. Das Nachsuchenmesser an der richtigen Stelle platziert, ist besser und wirkungsvoller als jeder Fangschuss. Natürlich gehört dazu ein wenig Mut und Erfahrung und Wissen, wie sich ein Wildschwein beim Annehmen verhält. Man lernt es aber von selbst, wenn man lange genug als Nachsuchenführer unterwegs ist: learning by doing …

Abwechselnd verbellte und rupfte mein Hund die Sau. Ich ging hin, kniete mich zu ihm hin und liebelte meinen Jäger so richtig ab. Da klingelte das Telefon, und Karl erkundigte sich über mein Wohlbefinden.

Um eines von vornherein klarzustellen: Karl hatte mit dem Davonlaufen das in dieser Situation einzig Richtige getan. Wer nicht weiß, wie man sich gegen eine annehmende Sau wehrt, der kann sich schwere Verletzungen zuziehen. Daher bin ich bei einer Nachsuche am liebsten allein, denn dann muss ich auf niemand anderen Rücksicht nehmen.

Wenig später war Karl da und stand vor seiner Beute: einem zweijährigen Überläuferkeiler mit fünfundsechzig Kilogramm – die richtige Alters- und Gewichtsklasse zum Kämpfen. Wahrscheinlich hatte Karl am Vorabend einfach vorn und hinten verwechselt, was einmal vorkommen kann.

Mit dieser Nachsuche war meine Aufgabe als Ausbildner eines Nachsuchenhundes endgültig abgeschlossen. Ich habe den Charakter meines Hundes und die ihm angewölften Eigenschaften erkannt und sie gefördert. Nach nicht einmal zwei Jahren waren wir bereit, in Hinkunft gemeinsam Dienst mit Achtung vor der Kreatur im Auftrag des Tierschutzes zu leisten.

Und wenn Sie Lust bekommen haben, es uns gleichzutun, dann wird Ihnen dieses Buch vielleicht ein kleiner roter Faden sein, an dem Sie sich entlanghanteln können …

INHALT

Weitere Hundebücher

Hunde – die besseren Jäger

Rassen, Ausbildung, Jagd.
Von Andreas Gass. 192 Seiten, mehr als 50 Farbfotos.
€ 31.-

Der gesunde Jagdhund

Pflege, Vorsorge, Erkrankungen.
Von Heinz Aujesky. 144 Seiten, 30 Farbfotos.
€ 29.-

Wachtelhunde – meine Freunde

Abrichtung, Prüfungen, Erfahrungen.
Von Ernst Zecha. 176 Seiten, 30 Farbfotos.
€ 29.-

Aufjauchzet im herbstlichen Bergwald

Über die Arbeit mit Wachtelhunden.
Von Kurt Puck. 216 Seiten, 20 Farbfotos.
€ 29.-

Dackel – Jagdhund mit Herz

Jagdliche Führung, Haltung, Pflege.
Von E. F. Bauer. 152 Seiten, mehr als 30 Farbfotos.
€ 29.-

Österreichischer Jagd- und Fischerei-Verlag
1080 Wien, Wickenburggasse 3
Tel. +43/1/405 16 36 Fax +43/1/405 16 36/59
E-mail: verlag@jagd.at Internet: **www.jagd.at**

Schweißhund

Mit dem Schweißhund

auf Du und Du

Von Daniel Schneeweiß.
168 Seiten,15 Farb-Originalfotos.
Exklusiv in Leinen. € 29.-

Über Ausbildung und Führung des Schweißhundes. Berichte über die schwierigsten und spannendsten Nachsuchen aus 50 Jahren.

Österreichischer Jagd- und Fischerei-Verlag
1080 Wien, Wickenburggasse 3
Tel. +43/1/405 16 36 Fax +43/1/405 16 36/59
E-mail: verlag@jagd.at Internet: **www.jagd.at**

Foto-Kultband

Ferm

Mit Hunden auf der Jagd

Ein Fotoband von Markus Zeiler.
Mit 224 Seiten und mehr als 300 großformatigen Fotos.
Leinen mit Schutzumschlag. Im Geschenkschuber. € *127.-*

Ein Buch, das in einzigartigen Bildern Leben und Arbeit der Jagdhunde nachzeichnet. – Ausgezeichnet mit dem CIC-Kulturpreis!

Österreichischer Jagd- und Fischerei-Verlag
1080 Wien, Wickenburggasse 3
Tel. +43/1/405 16 36 Fax +43/1/405 16 36/59
E-mail: verlag@jagd.at Internet: **www.jagd.at**